最值得品尝的
舌尖上的花园

陈菲 / 编著

园艺·家

中国农业出版社

目录 Contents

Chapter
1
叩谢自然的
馈赠

/ 5

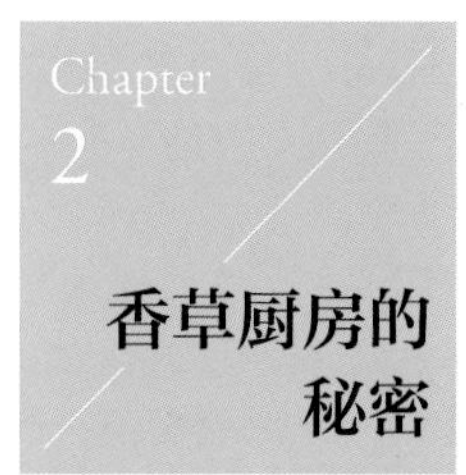

Chapter
2
香草厨房的
秘密

/ 9

罗勒

美食菜谱

13 罗勒番茄牛肉汤
13 罗勒土豆泥
13 罗勒牛奶南瓜汤

牛至

美食菜谱

15 牛至烤猪排
15 牛至煎茄片
16 牛至辣烤鸡胸
16 牛至青椒牛肉粒

欧芹

美食菜谱

18 蒜香欧芹虾
18 柠香欧芹烤鸡腿
19 香辣欧芹炒蛏子
19 欧芹煎豆腐

百里香

美食菜谱

21 百里香蘑菇火腿浓汤
21 百里香炸鸡翅
22 百里香炒杂菌
22 百里香芝士面包

薄荷

美食菜谱

24 薄荷海米冬瓜汤
24 薄荷拌鱼腥草
25 西瓜薄荷饮
25 薄荷柠檬冰爽茶

迷迭香

美食菜谱

27 迷迭香烤羊排
27 迷迭香黑椒炒杏鲍菇
28 迷迭香烤鸡翅
28 黑椒迷迭香烤牛排
29 迷迭香烤南瓜丁
29 蔬菜杂烩

莳萝

美食菜谱

31 莳萝烤香菇
31 莳萝鲜虾

鼠尾草

美食菜谱

33 鼠尾草柠檬茶
33 鼠尾草奶茶
33 鼠尾草辣子鸡丁

薰衣草

35 薰衣草柠檬茶
35 薰衣草奶茶

洋甘菊

37 洋甘菊茶
37 洋甘菊薰衣草茶
38 洋甘菊迷迭香薄
38 洋甘菊柠檬茶

芫荽

40 芫荽豆腐羹
40 炝拌芫荽

紫苏

美食菜谱

42 紫苏煎黄瓜
42 凉拌紫苏叶
43 紫苏鲫鱼汤
43 紫苏炒肥牛

Chapter 3

花朵与五味的调和

金银花 / 45

美食菜谱

48 金银花拌苦瓜

48 金银花蒸鱼

48 金银花花草减肥茶

荷花

美食菜谱

51 翻沙莲子

51 银耳莲子红枣汤

52 姜拌藕

52 香菇荷叶饭

菊花

美食菜谱

54 菊花鱼片汤

54 菊花猪肝汤

55 菊花鸡丝

55 菊花糕

桂花

美食菜谱

57 桂花牛奶冻

57 桂花鸡头米糖水

58 薄荷桂花糕

58 瓜仁桂花茶

山茶花

美食菜谱

60 山茶冰糖饮

60 山茶鲢鱼排骨汤

61 山茶面疙瘩

61 山茶花红枣粥

玫瑰花

美食菜谱

63 当归红糖玫瑰鸡蛋

63 香醇玫瑰奶茶

64 踏雪寻玫——牛奶玫瑰茶冻

64 玫瑰鸡蛋

茉莉花

美食菜谱

66 心境平和茶

66 茉莉花豆腐

67 茉莉花牛肉粒

67 茉莉竹荪

梅花

美食菜谱

69 踏雪访梅

69 暗香汤

洛神花

美食菜谱

71 台湾家常洛神酸梅汤

72 玫瑰茄养颜茶

72 洛神花水果茶

黄花菜

美食菜谱

74 三丝黄花菜

74 豆腐黄花汤

桃花

美食菜谱

76 桃花粥

76 桃花猪蹄美颜粥

芙蓉花

美食菜谱

78 芙蓉三文鱼

78 芙蓉蟹黄豆腐

杜鹃花

美食菜谱

80 杜鹃花龙骨汤

80 杜鹃花清蒸排骨

Chapter 4

我们的田野 美味的田野

/ 83

清爽蔬食健康护佑

90 雪菜炖豆腐

90 韩式炒年糕

91 虎皮尖椒

91 双菇炖羊肉

92 芥菜粥

92 丝瓜百合鲜菇

93 芹菜拌核桃

果蔬沙拉美丽秀

95 三彩色拉

95 薄荷蔬果沙拉

95 玉米蔬菜沙拉

96 花瓣三明治

96 水果玉米沙拉

97 田园沙拉

97 火龙果龟苓沙拉

田园的果缤纷物语

99 草莓雪人儿

99 杨枝甘露

100 桂圆红枣枸杞茶

100 香蕉班戟

101 复合果蔬汁

101 鲜百合木瓜糖水

102 奇异果西米露

102 蔓越莓水果茶

103 草莓优酪

103 提子蛋糕卷

Chapter

1

叩谢
自然的馈赠

雨季的香格里拉，在松树和栎树自然杂交林中，卓玛和妈妈寻找着一种精灵般的食物——松茸。这种曾在英国畅销书作家彼得梅尔笔下出现过所谓赛黄金的食材，是野生菌中的贵族，即便使用最朴素的烹饪方式，它都能醿香毕现。现在，它早已走出高海拔的原始森林，走向了全世界。

浙江人老包是毛竹林的守护者和经营者，他家的竹林里曾长出过遂昌县的冬笋之王。长年积累下来丰富的经验让老包精明到只需要看一下竹梢的叶子颜色，就能知道笋的准确位置。而在广西南宁，阿亮和家人天天打交道的却是另一种大头甜笋——制作柳州酸笋的上好原料。

圣武和茂荣是兄弟俩，也是职业挖藕人。为了采挖这种生长在湖水下面深深的淤泥之中的自然美味，每年9月，他们都会来到湖北的嘉鱼县，开始艰苦的工作。在红藕香残的玉簟深秋，经由兄弟俩勤劳的双手采挖下来的莲藕被煮成了鲜美的排骨藕汤。藕丝万缕，牵扯不断，欲理还乱。藕香绵绵，才下舌尖，却上心头。

这些都是《舌尖上的中国》里为我们讲述的人类通过劳动和智慧获取自然的馈赠，成就餐桌美味的故事，而大自然则以她的慷慨和守信，作为对人类的回报和奖赏。

于热爱花草园艺的我们来说，美丽的花园同样也是来自于自然的慷慨馈赠，同样也能在舌尖上绽放，成就数不清的餐桌美味，让我们拥有丰饶、健康、充满情趣的生活。那些气质浪漫的香草带着迷人的香氛和西式大餐，一起漂洋过海来到你的身边，和你天天见面的果蔬会把阳光雨露的气息揉和进家常味道，还有许多花朵不仅有着枝头盛开的妩媚和妖娆，也能化身而为杯盘碟盏里的温馨和曼妙。当我们带上花花草草快乐下厨房的时候，从中品尝出的不仅是花的味道，果的味道，还有风的味道，云的味道，阳光的味道，泥土的味道。而它们归根到底，都是自然的味道。

Chapter 2

香草厨房的秘密

看过《食材花园》（The Edible Garden）的人，肯定都对园艺家兼作家阿莉丝·福勒的香草生活印象深刻而且艳羡不已吧。

在那个宽6米，长18米，不算太大的维多利亚式露台上，阿莉丝栽下了几乎所有最常见和最实惠的香草品种。每天，她悉心打理这些从头到脚散发着香味的草草，然后在不同的季节里体验它们带给舌尖和味蕾的美妙感受。当开着紫色花球的细香葱和俏丽草花们竞相浪漫的时候，她念念叨叨地告诉我们，想要来自地中海的百里香长得旺，就不要对它们太过宠爱了。

6月里采收下来的粉红色蚕豆像包在棉绒里的初生婴儿般可爱。她把蚕豆煮熟，加入鹰嘴豆、大蒜、小茴香、欧芹、薄荷和香菜，搅拌成泥，团成丸子，再下油煎熟，就是无比美味的豆子沙拉丸。

用莳萝、蔬菜、酸奶和鸡蛋熬制的波兰冷汤，有着迷人的紫红色彩，是她最喜欢的夏日菜肴。

7月花园里明媚的阳光下，她用朴素的印花搪瓷壶泡制薄荷茶，并告诉我们，柠檬薄荷、姜薄荷和黑茎胡椒薄荷是最相宜的选择。

英国的夏季也有令人心碎和恐惧的天气，连续两周瓢泼大雨之后的花园看起来如此无奈。阿莉丝又缩回到厨房里，从香草美食的乐趣中寻求安慰。当用薰衣草紫色小花点缀的手工饼干新鲜出炉的时候，她笑着说：没有什么比薰衣草饼干更有夏天的味道了。

两只快乐的母鸡加一把香草等于香草鸡蛋饼。她养的快乐母鸡每天产蛋，而一把香草说的是带一种香香苦味的东方香草紫苏和鸭儿芹。

加入迷迭香、紫苏叶、肉桂皮、月桂叶做成酱汁的绿皮南瓜泡菜，不仅色彩悦目好看，放在密封玻璃瓶里还可以一直储存到深冬，是朋友们帮着她收藏起来的花园的幸福味道。

《舌尖上的中国》里说：因为土地对人类的无私给予，因为人类对美食的共同热爱，厨房的秘密说穿了，无非就是人与天地万物之间的和谐关系。而在遥远的异域他邦，热爱花草园艺的阿莉丝·福勒却同样用她的亲身经历，用她清新愉悦的田园生活告诉我们，即便身处闹市之中，也能享受简单的事物。所以，香草厨房的终极秘密就是——没有秘密。

罗勒

别　名	兰香、九层塔、西王母菜、圣约瑟夫草和甜罗勒。极少地区称之为杂凉菜。
习　性	矮小、幼嫩的唇形科香草植物。有强大、刺激、香的气味，味道像茴香。有一年生，也有一些是多年生。
营养素	草蒿脑、丁香油酚。
作　用	罗勒作为一种已知的安全的食物原料被广泛应用于香料、饮品、食物中。也可以作为中药使用，可治呼吸道问题、消化及肾脏疾病、癫痫、发烧、流行病、疟疾、跌打损伤和蛇虫咬伤。具有强大的抗氧化、防癌、抗病毒和抗微生物性能。可辅助治疗哮喘病及糖尿病。同时也可作芳香疗法。
烹饪需知	罗勒的香味易在烹调时丧失，所以一般应在煮食的最后阶段才加入。

美食菜谱

罗勒番茄牛肉汤

材料 罗勒叶3克、牛里脊300克、番茄1个、洋葱100克、黑胡椒粉2克、浓汤宝1块、盐1茶匙、姜片1块

做法

1. 将洋葱、番茄切小块，放入料理机打成泥备用。
2. 牛里脊切成7厘米小方块，清水中浸泡20分钟，出尽血水后加清水煮沸，撇尽浮沫。
3. 加入姜片、浓汤宝煮沸，撒入盐、黑胡椒粉，倒入洋葱、番茄泥，水沸后转小火煮制20分钟。
4. 出锅前撒上罗勒即可。

罗勒土豆泥

材料 罗勒叶3克、土豆300克、盐1茶匙、黑胡椒粉1/3茶匙、青酱10克、橄榄油1勺

做法

1. 土豆去皮洗净，滚刀切块，放入蒸锅中，大火蒸15分钟后压制成泥状。
2. 将罗勒叶碾成细小碎末，撒入土豆泥中，加盐、黑胡椒粉、橄榄油、青酱，翻拌均匀即可。

罗勒牛奶南瓜汤

材料 罗勒叶2克、牛奶100毫升、南瓜500克、高汤1升、盐1茶匙、黑胡1茶匙

做法

1. 将南瓜去皮去瓤，切块加入高汤中，大火煮开后转小火煮15分钟。
2. 开盖，将南瓜压制成泥，加盐、黑胡椒粉。
3. 倒入牛奶，边煮边顺时针搅拌均匀。
4. 出锅前撒入罗勒叶，略微煮制即可。

Tips

不方便将南瓜压制成泥的，也可将材料用料理机打成泥状煮制。

牛至

别　名　土香薷、滇香薷、止痢草、小叶薄荷、比萨草、蘑菇草、香芹酚。

习　性　是唇形科牛至属中的一种，多年生草本植物，高达60厘米，全株被有微柔毛，有芳香，方形茎，叶对生。常生于山坡、草地及路旁。栽培时需要排水良好的土壤及充足的日照。

营养素　牛至油（香芹酚、百里香素、麝香草酚、萜品烯），挥发油（对一聚伞花素、香荆芥酚、麝香草酚、香叶乙酸酯等），芳香油。

作　用　牛至全草可提取芳香油，也作药用。其味辛、性凉、无毒，全草可入药，具有清热解表、理气化湿、利尿消肿、缓解疲劳、抑制皮肤瘙痒之功效。临床用于预防流感、治疗黄疸、中暑、发热、呕吐、急性胃肠炎、腹痛等症，其散寒解表功能胜于薄荷。

烹饪需知　牛至又叫比萨草，因为它是做比萨时不可缺少的调味品之一，比萨如果没有牛至就失去了根本的味道。一般西餐中都把它晾干后磨成粉末当做调料使用，它会让你做的菜肴更有层次感，味道更立体和丰富。做烹调用时，常与番茄、乳酪搭配。哺乳期妇女、婴幼儿、脾胃久虚腹泻者及罹患肝胆疾病患者均不宜食用。

牛至烤猪排

材料 牛至2克、猪排200克、橄榄油2勺、料酒2勺、黑胡椒1茶匙、盐1茶匙

做法

1. 猪排洗净顺肋切条，加盐、橄榄油、料酒、黑胡椒粉、牛至，冷藏腌制30分钟促其入味。
2. 烤箱预热至200℃。
3. 小火热锅，倒入橄榄油，油微热时放入腌好的猪排，煎制2分钟后将猪排放入烤箱，烤制20分钟即可。

牛至煎茄片

材料 牛至叶2克、茄子300克、橄榄油1.5勺、鸡蛋1个、黑胡椒粉1茶匙、盐1.5茶、面粉40克水

做法

1. 将鸡蛋敲入碗中打散，撒入面粉、牛至叶、黑胡椒粉、盐、水，搅拌至较稀备用。
2. 茄子洗净切成3～4毫米薄片，放入材料1中使茄片两面裹匀汁液。
3. 锅内倒入橄榄油，将茄片放入，煎至两面焦黄即可。

牛至辣烤鸡胸

材料 牛至叶3克、鸡胸肉300克、西葫芦半根、橄榄油2勺、盐1.5茶匙、黑胡椒粉1茶匙、料酒2勺、生抽1勺、辣椒粉1茶匙

做法

1. 鸡胸肉洗净，表面交叉切斜刀后放入容器，倒入橄榄油、盐、黑胡椒粉、料酒、生抽、辣椒粉、牛至腌制30分钟。
2. 烤箱预热至200℃。
3. 烤盘铺上锡纸，薄薄刷层橄榄油，取西葫芦洗净，切成3毫米薄片，平铺在烤盘上，再铺上腌制好的鸡胸肉烤制20分钟即可。

牛至青椒牛肉粒

材料 牛至叶2克、牛里脊肉300克、青椒1个、洋葱100克、橄榄油2勺、淀粉1茶匙、盐1.5茶匙、黑胡椒粉1茶匙、酒1勺、生抽1勺

做法

1. 牛肉洗净后用清水浸泡半小时，待血水排出后用清水冲净干净，切成约2厘米左右方丁置于碗中。
2. 碗里加入几滴橄榄油、黑胡椒粉、料酒、淀粉、生抽，抓匀入味。
3. 洋葱、青椒洗净，切成1.5厘米左右块状备用。
4. 锅内烧热至五成熟，倒入橄榄油，微热后倒入洋葱爆香，再入青椒翻炒，至洋葱微微变软时倒入牛肉粒，大火翻炒3分钟。
5. 入盐、牛至叶，翻炒均匀后关火即可。

Tips

牛肉要切得比洋葱和青椒大，是因为牛肉遇热会收缩；腌制时滴入橄榄油，既能去腥又能很好地锁住肉的水分保持滑嫩。

欧芹

别　　名 洋芫荽。

习　　性 伞形科，二年生草本，植株高约30～100厘米，叶子呈深绿色，极有光泽，一般分平叶和卷叶，喜欢在布满碎石的环境生长。

营 养 素 铁、维生素A和维生素C。

作　　用 欧芹有净化和冷静的作用，能有效抗菌、抗痉挛、祛胀气、清血、利消化、利尿、化痰、通经、退烧、助产。

烹饪需知 因欧芹会引起子宫收缩，故孕期和痛经时都不宜使用。据说欧芹可以刺激并调节肾脏，但避免在罹患肾疾与胃溃疡时使用。

美食菜谱

蒜香欧芹虾

材料 新鲜欧芹200克、虾400克、橄榄油2勺、料酒1勺、蒜瓣、蕃茄沙司1勺、盐2茶匙

做法

1. 欧芹洗净切段、大蒜切末，备用。
2. 鲜虾洗净剥去外壳，剔净虾线，备用。
3. 锅内倒入橄榄油，放入蒜末爆香，放入虾翻炒至两面变红，倒入料酒、蕃茄沙司、盐，翻炒均匀后撒入欧芹，略微翻炒即可。

柠香欧芹烤鸡腿

材料 欧芹碎1克、鸡腿2个、蒜2瓣、橄榄油1勺、柠檬汁3克、生抽2茶匙、盐1茶匙、黑胡椒粉1/3茶匙

做法

1. 鸡腿两面都用刀划3道口子，以便更好地入味。
2. 蒜切片，备用。
3. 用橄榄油、生抽、盐、黑胡椒粉、柠檬汁、蒜片、欧芹碎腌制鸡腿，放入冰箱静置30分钟。
4. 烤箱预热180℃，将腌好的鸡腿放入中层，烤制20分钟即成。

香辣欧芹炒蛏子

材料 新鲜欧芹100克、蛏子300克、橄榄油2勺、朝天椒2个、盐1.5茶匙、油1勺、生抽1勺、料酒1勺、蒜3瓣

做法

1. 用淡盐水将蛏子浸泡1小时，吐净沙子后冲洗干净，沥水备用。
2. 新鲜欧芹洗净、切段备用，长度约等同于蛏子长度。
3. 蒜切末、朝天椒切圆片，备用。
4. 锅内倒入橄榄油，油热后倒入蒜末爆香，入蛏子、椒片翻炒。倒入料油、生抽、盐与欧芹，翻炒3分钟，出锅。

欧芹煎豆腐

材料 新鲜欧芹100克、北豆腐400克、食用油2勺、尖椒1个、盐5茶匙、生抽1勺、蒜3瓣

做法

1. 新鲜欧芹洗净切成8毫米长小段，沥水备用。
2. 蒜拍末、尖椒切片，备用。
3. 锅内倒入食用油，油温七至八分热时滑入豆腐，煎制1分钟后翻煎另一面，待两面略有焦黄色时淋入生抽，放盐、尖椒、欧芹，翻炒3分钟即可。

Tips

普通豆腐可用淡盐水将豆腐略微浸制，防止烹饪过程中散渣。

百里香

别　名　地椒、地花椒、山椒、山胡椒、麝香草等，产于西北地区。

习　性　唇形科，百里香属。是一种生长在低海拔地区的半灌木芳香草本植物，茎叶有香味，喜光线充足的地方生长，最合适的生长温度是20～25℃。常作为花境、花坛、香料园栽植或地被植物。很适合食用调料，医用价值很高。

营养素　百里香酚、香荆芥酚、芳樟醇和对-聚伞花素、黄芩素、葡萄糖苷、木犀草素、葡萄糖苷、芹菜素等黄酮成分和挥发油。

作　用　百里香味辛，性温，有小毒。可用作汤的调味料，使汤味更加鲜美。亦可作药用，有镇咳、消炎、止泻、驱风止痛、防腐等效。

烹饪需知　百里香超量有较强刺激性，可使肝脏变性。

百里香蘑菇火腿浓汤

材料 橄榄油1勺、百里香碎叶（或香粉）2克、香菇1朵、火腿100克、大蒜3瓣、洋葱100克、盐1茶匙、面粉约30克、黑胡椒粉2克、玉米30克、土豆1个、鲜奶100毫升、高汤。

做法

1. 将火腿、半个洋葱、去皮土豆分别切丁，大小约5毫米。蒜剁碎、香菇切片备用。
2. 锅内倒入橄榄油，微热后加入洋葱、蒜末翻炒，随即加入面粉继续翻炒1分钟，入香菇片、火腿丁、土豆丁、高汤、玉米粒、盐、黑胡椒粉和百里香。烧开后改小火，继续煮十余分钟。
3. 锅中加入鲜奶，边加边搅拌，再次烧开后关火。

百里香炸鸡翅

材料 百里香3克、鸡翅3只、蒜末20克、洋葱末30克、面粉50克、生抽3茶匙、料酒（或花雕）3茶匙黑胡椒粉1/2茶匙、食用油

做法

1. 将鸡翅洗净两面各斜划3刀，放入大碗中，加入料酒、生抽、蒜末、洋葱末、百里香等调味料，拌匀后腌约30分钟，备用。
2. 将腌好的鸡翅两面分别均匀地沾上一层面粉。
3. 锅内倒入食用油，油温加热至约180℃，放入鸡翅以中火炸至颜色金黄后捞起，沥干油分即可。

百里香炒杂菌

材料 百里香（枝条与百里香碎均可）3克、香菇3朵、平菇3朵、白菇3朵、草菇3朵、洋葱1/2个、青椒1个、蒜末20克、盐1茶匙、生抽2、油适量、白糖1/2茶匙

做法

1. 将各种菌洗净，焯水以除土腥味，沥干备用。
2. 洋葱、青椒洗净切片备用，青椒洗净去籽切小块备用。
3. 锅内倒入油少许，七分热时入蒜末爆香，倒入菌类、洋葱和青椒爆炒片刻，加盐、生抽、白糖翻炒均匀。
4. 出锅前加入百里香，略微翻炒即可关火。

百里香芝士面包

材料 高筋面粉140克、水80克、细砂糖15克、黄油15克、盐2.5毫升、干酵母5毫升、奶粉6克、百里香10克、沙拉酱、马苏里拉芝士适量

做法

1. 水、糖、盐、奶粉、酵母入面包机，揉面20分钟，入黄油，置于涂油的容器内发酵1小时至2倍大。
2. 面团分5份，醒发15分钟，揉成条状，排入垫油纸的烤盘，二次发酵至2倍大。
3. 面团表面挤上沙拉酱，撒上芝士丝，放入预热好的烤箱中层13分钟，烤至面包表面金黄。
4. 出炉后撒上百里香碎。

薄荷

别名 又名蕃荷菜、南薄荷、猫儿薄苛、野薄荷、升阳菜薄苛、蔆荷、夜息药、仁丹草、见肿消、水益母、接骨草、土薄荷、鱼香草、香薷草。

习性 多年生草本植物，茎有四棱，叶子对生，花呈红、白或淡紫色，茎和叶子有清凉香味，可以入药或用于食品。

营养素 薄荷醇、薄荷酮、异薄荷酮、薄荷脑、薄荷酯类等多种成分。另含异端叶灵、薄荷糖苷及多种游离氨基酸等。

作用 薄荷作为一种芳香食材，被广泛用于洋酒、花茶、果茶及中西餐的配材中。薄荷有极强的杀菌抗菌作用，薄荷中所含的挥发油、薄荷精等物质，有利于人体散热解毒、发汗消炎。食用薄荷能预防病毒性感冒、口腔疾病，可使口气清新、清心怡神、疏风散热、清凉解暑。

烹饪需知 肠胃不好的人，每次饮食薄食品不可过量，防止拉肚子。

美食菜谱

薄荷海米冬瓜汤

材料 薄荷3枝、冬瓜250克、海米50克、食油1勺、盐1茶匙、味素适量

做法

1. 将薄荷洗净择小段、冬瓜切片、海米洗净，备用。
2. 锅内清水倒入少许油，沸腾后入海米及冬瓜，煮至再次沸腾时入盐，改中火煮5分钟。
3. 加入薄荷，味素。

薄荷拌鱼腥草

材料 薄荷100克、鱼腥草200克、腐乳1块、熟芝麻30克、花椒2克、红干辣椒2克、香醋2茶匙、白糖半茶匙、油

Tips

可视个人喜好撒入熟芝麻，更美观。

做法

1. 将薄荷、鱼腥草洗净，摘除老茎及根须，切成等长小段，长度视个人喜好而定。
2. 取少量腐乳用凉水缓缓调开，加入香醋、白糖搅拌均匀。因腐乳中含盐分，故无需额外放盐。口味重者可视个人喜好少量添加。
3. 锅烧热倒油，七分热时放入花椒、红干椒，煸出香味关火，撇去椒渣略凉，半分钟后与调好的料汁一同浇入洗净的食材中，拌匀。

西瓜薄荷饮

材料 薄荷1枝、西瓜30克、柠檬片2片、白糖2茶匙

做法

1. 西瓜切块去皮，加白糖。
2. 柠檬片去皮、去籽。
3. 薄荷取叶洗净备用。
4. 将前述材料用料理机混合打碎，滤网滤去碎渣。

Tips

直接饮用即可，亦可视节令及个人喜好冰镇饮用。没有柠檬片的可用专用柠檬汁代替，5~6滴即可。

薄荷柠檬冰爽茶

原料 薄荷叶柠檬、蜂蜜（可随意）、冰块

做法

1. 薄荷叶用清水洗去浮灰，先用温水泡1小时。
2. 柠檬洗净切片。
3. 将泡好的薄荷水倒入茶壶或水杯，放入柠檬片。
4. 按照自己的口味加入适量蜂蜜（可以不加）调匀。
5. 放入冰块即可。

迷迭香

别　名 海洋之露。

习　性 多年生常绿小灌木，原产于地中海地区，茎、叶和花都可提取芳香油。其品种依植株的形状分为直立型和匍匐型。迷迭香非常耐旱，在许多地方的迷迭香只要来自海上的水汽就能存活。

营养素 鼠尾草酸、鼠尾草酚、迷迭香酚、熊果酸、迷迭香酸等。

作　用 新鲜或干燥的迷迭香叶子可以作香料或花草茶的原料使用。传统的地中海料理里，常会添加迷迭香的叶子来增加食物的风味。迷迭香在中医中有健胃、发汗、治头痛、主恶气、助消化、安神等功效，它的香味能促进血液循环、提振情绪、对抗忧郁、平衡紧绷的情绪，让人打开心胸。对橘皮组织、头皮屑、掉发、记忆力问题、痛、肌肉痛等问题也有帮助。

烹饪需知 烹饪时放入少许迷迭香，可去除鱼肉的腥味。功效强大，不可过量使用。

美食故事 基督教中关于迷迭香的传说是这样的：当耶稣在逃离犹太荷洛铁王往埃及的途中时，曾经把他洗好的衣服晾在迷迭香树丛上，耶稣的能力赋予迷迭香，就产生了许多药效，变成一种从古至今家喻户晓、炙手可热的芳香植物。英国也有古谚：“哪儿飘着迷迭香味，哪儿的主妇就当家。”

美食菜谱

迷迭香烤羊排

材料 新鲜迷迭香枝条2枝、羊排500克、盐1.5茶匙、料酒、黑胡椒3克、橄榄油2勺

做法

1. 新鲜的迷迭香洗净切碎，备用。
2. 羊排洗净按肋骨切成条，加入迷迭香碎、料酒、橄榄油、盐、黑胡椒，微微翻拌后密封放进冰箱中，腌制3个小时。
3. 羊排腌制时间达到后，预热烤箱。
4. 另取平底锅加热，空锅微热直接放入腌好的羊排，两面各煎制2分钟后关火放入烤箱中层，烘烤25分钟即可。

迷迭香黑椒炒杏鲍菇

材料 迷迭香2枝，杏鲍菇500克，橄榄油2勺，生抽1茶匙黑胡椒碎，蒜、盐各1.5茶匙

做法

1. 将杏鲍菇洗净切菱形片，焯水沥干，备用。
2. 大蒜微压或轻拍，备用。
3. 剪取迷迭香枝条，洗净切碎备用。
4. 锅内倒入适量橄榄油，油锅微热放入蒜煸香后，放入杏鲍菇快速翻炒，加适量生抽、黑胡椒碎和少量盐。
5. 临出锅前撒入新鲜的迷迭香叶，再翻炒半分钟即可。

迷迭香烤鸡翅

材料 迷迭香2枝、鸡翅中3只、橄榄油2茶匙、蒜末1克、盐1茶匙、黑胡椒粉2克

做法

1. 鸡翅洗净，两面斜切刀口方便入味。
2. 取容器放入鸡翅，倒少许橄榄油、黑胡椒粉和盐，拌匀后入冰箱腌半小时以上。
3. 烤箱预热至200℃左右，另热油锅，爆香蒜末和迷迭香，倒入鸡翅翻炒至变色。
4. 移入烤盘，加入一两根迷失香枝条，烤制20分钟即可。

Tips

喜欢酱料口味的，可以将鸡翅刷上自己喜欢的酱料再放入烤箱。

黑椒迷迭香烤牛排

材料 牛排100克、新鲜迷迭香2枝、盐、黑胡椒、橄榄油适量

做法

1. 将新鲜的迷迭香冲洗干净后切碎。
2. 在洗净切成条的牛排中加入盐、黑胡椒、迷迭香和橄榄油，放进冰箱中腌制3个小时。
3. 将腌好的牛排放入平底锅中，不加油两面各煎制2分钟后放入烤盘中，180℃预热，烘烤30～40分钟即可。

迷迭香烤南瓜丁

材料　迷迭香2枝、橄榄油2勺、南瓜50克、盐2茶匙、黑胡椒粉3克

Tips

方便清洁，可在烤盘内平铺上锡纸再铺南瓜丁。

做法

1. 烤箱预热至200℃。
2. 将南瓜去皮、去籽，切丁后放入容器，加入适量橄榄油、黑胡椒粉、盐，慢慢抓拌均匀后平铺至烤盘。喜欢甜味的，可在本步骤中用适量糖代替盐。
3. 撒上迷迭香碎，放入烤箱中层，烤制30分钟即可。

蔬菜杂烩

材料　1个大洋葱或2个中等洋葱、2餐勺橄榄油、2瓣蒜、2个绿皮胡瓜（西葫芦）、2根茄子、1个黄椒、1个红椒、600克新鲜番茄、几支迷迭香或1茶匙干迷迭香

做法

1. 将洋葱去皮切碎，蒜去皮切末；茄子切成1厘米见方的小丁，胡瓜切成厚片，甜椒去籽去柄，切成边长2厘米的方块，备用。
2. 锅中入油加热，放入洋葱，盖上锅盖，用中火烹制5分钟。
3. 向锅中加入蒜末、各种蔬菜和迷迭香，盖上锅盖，用文火炖20~25分钟。
4. 将番茄皮和香草枝从锅里拣出，即成。
5. 蔬菜杂烩盛入碗中，搭配脆皮面包、鱼咸肉食用。

莳萝

别　名　又名洋茴香或刁草。

习　性　是伞形科莳萝属中唯一的一种植物，一年生草本，外形类似茴香，但气味有异，萝比茴香更有明显的辛香味。

营养素　莳萝含有丰富的苯丙素及三萜类化合物、芹菜脑、藏茴香酮、肉豆蔻醚、伞形花内酯。

作　用　食疗方面，莳萝本身具有缓和疼痛的镇静作用，可用来治疗头痛、健胃整肠、消除口臭、利尿、安眠、止吐。

烹饪需知　莳萝作为食材多用于海鲜河鲜一类烹调，能有效去除腥味。也可用于在汤类泡菜、面包以及腌制食物等。

美食菜谱

莳萝烤香菇

材料 莳萝3克、橄榄油1勺、香菇3朵盐1/2茶匙、黑胡椒粉2克

做法

1. 烤箱预热至200℃。
2. 香菇洗净沥水，去蒂留朵，表面切花。
3. 香菇用少许盐、黑胡椒粉拌匀，刷上橄榄油，放置烤盘上。
4. 入烤箱10分钟即可。

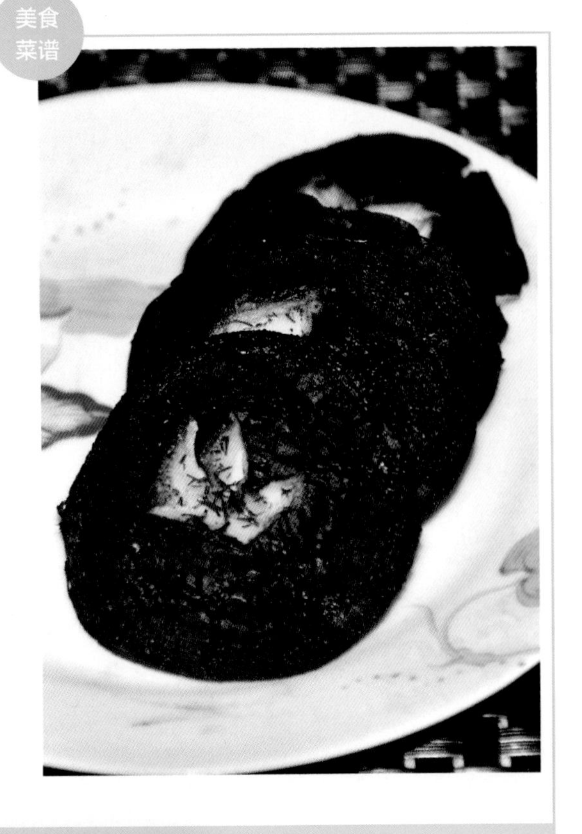

莳萝鲜虾

材料 莳萝叶（或干莳萝碎）适量、鲜虾300克、盐2茶匙

做法

1. 莳萝洗净沥干水，备用。
2. 虾洗净剪去除虾须、虾脚。
3. 锅内入水烧开，沸腾后将莳萝叶放入，煮至水色发黄。
4. 入盐、虾，煮至虾身变红时关火。

鼠尾草

别　名　药用鼠尾草、撒尔维亚，有时也被称为庭园鼠尾草、厨房鼠尾草、达尔马希亚鼠尾草。

习　性　唇形科鼠尾草属的一种芳香性植物。常绿性小型亚灌木，有木质茎，叶子灰绿色，花有蓝色至蓝紫色。原产于欧洲南部与地中海沿岸地区。生于山坡、路、荫蔽草丛、水边及林荫下。

作　用　鼠尾草常常被栽培作为厨房用的香草或医疗用的药草，其干叶或鲜叶能用于多种食物的调味料，特别是用于香肠、家禽和猪肉的填料。鼠尾草能促进胃肠蠕动、改善消化不良、改善便秘，有助于肝脏及风湿的治疗，并有解热及镇定神经的药用功效。

烹饪需知　含雌激素，癫痫患者与孕妇应避免饮用。

美食故事　古希腊人、罗马人将鼠尾草称为“神圣的药草”。自古以来，欧洲人都习惯在自家小院、门前屋后或室内、书房种植摆放几株，他们广泛使用鼠尾草来治疗疾病或保健。那里流传着“种鼠尾草的人家，不会死人”“五月吃鼠尾草，可以长生不老”等说法，而法国南部也有句古谚：有鼠尾草，不用找医生。

美食菜谱

鼠尾草柠檬茶

用料 新鲜鼠尾草4枝、开水100毫升、凉白开200毫升柠檬汁1/3茶匙、白糖2勺

做法

1. 鼠尾草洗净后放入容器，加白糖，倒入开水浸泡5－10分钟。
2. 加入凉白开、柠檬汁即可饮用。

Tips

柠檬汁要最后放，避免过酸。

鼠尾草辣子鸡丁

用料 干鼠尾草3克、鸡胸肉500克、干红辣椒1把、朝天椒3个、食用油3勺、料酒1勺、淀粉2勺、小洋葱2个、味素0.5茶匙

做法

1. 鸡胸肉洗净，去除白色筋薄，切成1厘米见方的小丁，加少许料酒、淀粉、鼠尾草略微腌制。
2. 干辣椒洗净放入锅内注水煮开，沥干水，剪段备用。朝天椒、小洋葱洗净切片备用。
3. 锅内入油，八分热时倒入鸡丁翻炒至略微变色，用漏铲盛出。
4. 锅内余油倒入干辣椒、朝天椒翻炒均匀，加入洋葱爆香后倒入鸡丁，加盐、味素翻匀，再撒入少许鼠尾草碎，即可出锅。

Tips

煮过的干辣椒不会因油温变黑，相反会更红，提亮色泽。不喜欢吃辣的可以减少干辣椒用量，并可用胡罗卜丁、黄瓜丁、青笋丁等代替朝天椒。

薰衣草

别　名　宁静的香水植物、香草之后、灵香草、香草、黄香草。在古希腊时代，薰衣草被称为纳德斯，有时也简称为纳德。

习　性　原产于地中海地区，是唇形科的一个属，约有25~30种。品种粗放，易栽培。喜阳光、耐热、耐旱、极耐寒、耐瘠薄、抗盐碱，栽培的场所需日照充足，通风良好。

营养素　龙脑、薰衣草酯、芳樟醇、柠檬烯、丁香油烃、香豆素、松油萜等。

作　用　薰衣草被广泛用于各类芳香疗法及花草茶，有镇静、安神、放松心情的效果。药效方面，体现在抑制高血压、鼻敏感、气喘等，能促进血液循环、维持呼吸道功能，对肌肉放松也有明显效果。据说薰衣草油还可以减轻和治疗昆虫的咬伤、减轻头痛症状，常用来辅助入眠，而薰衣草的花束可以驱虫。

烹饪需知　低血压患者忌过量使用，薰衣草也是通经药，妇女怀孕初期应避免使用。

美食菜谱

薰衣草柠檬茶

材料 薰衣草1茶匙、水1升、白糖1勺 、柠檬片3片

做法

1. 薰衣草洗净后用开水冲泡，合上盖子焖20分钟。
2. 放入白糖搅拌化开，加凉白开与柠檬片略置，即可饮用。

Tips

可根据个人喜好将白糖替换为蜂蜜或糖浆。家中没有新鲜柠檬的也可用柠檬汁代替，用量约为半茶匙。本饮品可据个人喜酸程度适量增减柠檬汁用量。

薰衣草奶茶

材料 薰衣草1茶匙、水1升、红茶包1包、牛奶100毫升、糖1勺

做法

1. 薰衣草洗净沥水备用。
2. 慢火烧开水，把薰衣草和红茶包放进水里，慢火煮制。
3. 加牛奶、糖，顺方向拌匀，关火即可。
4. 倒入带滤嘴的茶壶，以免茶料影响口感。

Tips

牛奶与糖可根据个人喜好适量增减，糖可以是绵白糖、红糖、黄糖。

洋甘菊

别　　名　又称母菊。

习　　性　为菊科母菊属的一年生或多年生草本，原产欧洲，约30厘米高，中心黄色，花瓣白色，叶片略被毛，全草香气，含有挥发性芳香油，是一种极具开发价值的香料植物。

营 养 素　母菊天蓝烃、双氢母菊天蓝烃、醇氧化物、没药醇氧化物。

作　　用　洋甘菊味微苦、甘香，明目、退肝火，降低血压，能增强活力、提神、增强记忆力、降低胆固醇。能缓解发炎和疼痛症状，缓解由神经性皮肤瘙痒引起的失眠，改善过敏皮肤、治疗便秘、舒解眼睛疲劳。对胃酸、神经也有帮助。

烹饪需知　注意勿过量食用，因洋甘菊有通经效果，孕妇避免使用。

美食故事　洋甘菊的名字源自希腊文，意指“地上的苹果”，又称“大地的苹果”，因为它的茎叶都带着苹果般诱人的清香。罗马甘菊被人类利用的历史极早，当时的人们对于疾病总是认为是上天的惩罚或是遭受鬼魅纠缠，此时负责沟通的祭司或是疾病的医师就经常采用芳香而无害的罗马甘菊来减轻疾病的痛苦；在敬神、葬礼及出征打仗时，罗马甘菊也常扮演重要的角色，作为安定情绪之用。12世纪时期查理曼大帝曾下令广植罗马甘菊，他认为罗马甘菊是医生的工具及餐桌上美味的秘诀。而据卡尔培波的说法，埃及人把这种药草献祭给太阳，因为罗马甘菊能治热病，其他的文献则指称它是属于月亮的药草，因为它有清凉的效果。 埃及祭司在处理神经方面的问题时，特别推崇罗马甘菊的安抚特性，它在历史上被尊称为“植物的医师”，因为它可以间接治疗种在它周围的其他灌木。

洋甘菊本身可单独泡制花茶，也可与其他花草搭配泡制，适宜搭配的有：薰衣草、玫瑰花、满天星、薄荷、紫罗兰、菩提子、金盏花、迷迭z香、桂花、马鞭草等。

洋甘菊茶

材料 干洋甘菊2茶匙、蜂蜜2勺、开水100毫升、凉白开200毫升

做法

1. 洋甘菊冲洗干净，放入容器，加开水冲至容器2/3处，焖泡20分钟。
2. 开盖加入凉白开，加蜂蜜，即可饮用。

Tips

加凉白开是为了避免水温过高破坏蜂蜜的口感与营养。

洋甘菊薰衣草茶

材料 干洋甘菊1勺、干薰衣草1勺、冰糖30克、开水500毫升

做法

1. 将洋甘菊、薰衣草冲洗干净，放入过滤功能的茶壶。
2. 倒入开水、冰糖，合盖焖泡20分钟即可。

Tips

可依个人口味将冰糖替换成蜂蜜，替换成蜂蜜前需加凉白开降低水温，以免破坏营养与口感。

洋甘菊迷迭香薄荷茶

材料 干洋甘菊1勺、迷迭香2枝、薄荷、白糖各2勺、热水500毫升

做法

1. 将洋甘菊、迷迭香、薄荷洗净，放入壶中。
2. 倒入80℃热水500毫升，加入白糖，合盖焖泡10分钟即可。

洋甘菊柠檬茶

材料 洋甘1勺、鲜柠檬3片、蜂蜜2勺

做法

1. 洋甘菊洗净放入壶中，注入开水约至壶2/3处，合盖焖泡20分钟。
2. 开盖微晾，加凉白开、蜂蜜、柠檬片，略微泡制即可。

Tips

本饮品可冰镇饮用，也可饮用时加冰块。柠檬片用量多少依个人喜好可酌量增减，没有新鲜柠檬的可用柠檬汁代替。

芫荽

别　　名　又名胡荽、芫茜、满天星，俗名又称香菜、盐须。

习　　性　一年生草本植物，与芹菜、胡萝卜同科，属耐寒性蔬菜，要求较冷凉湿润的生长环境，在高温干旱条件下生长不良。

营 养 素　含维生素C、胡萝卜素、维生素B_1、维生素B_2等，同时还含有丰富的矿物质，如钙、铁、磷、镁等，其挥发油含有甘露糖醇、正葵醛、壬醛和芳樟醇等。

作　　用　芫荽在中东、地中海、印度、拉丁美洲、中国和东南亚等地的烹调中经常出现，全株植物皆可食用，但日常一般只吃它的嫩叶和晒干的种子。芫荽也作药用，能表出体外、开胃消郁、止痛解毒。明代医圣李时珍在《本草纲目》中写道："胡荽辛温香窜，内通心脾，外达四肢。"

烹饪需知

1. 芫荽具有损人精神、对眼不利的缺点，故不可多食、久食。
2. 芫荽叶子遇高温加热后体积会明显缩小，所以通常不炒或煮，一般是凉拌或别的汤菜入盘之后，才把切碎的芫荽撒在上面。
3. 完整的芫荽籽在密封的瓶子里可以存放半年到一年，而磨粉之后会很快失去味道，所以还是现用现磨比较好。

美食故事　在《说文解字》中有载："荽作葰，可以香口也。其茎柔叶细而根多须，绥绥然也。张骞使西域始得种归，故名胡荽。荽，乃茎叶布散貌。石勒讳胡，故晋地称为香荽。"据唐代《博物志》记载，公元前119年西汉张骞从西域引进香菜，故初名胡荽。后来在南北朝后赵时，赵皇帝石勒认为自己是胡人，胡荽听起来不顺耳，下令改名为原荽，后来才演变为芫荽。

美食菜谱

芫荽豆腐羹

材料 芫荽100克、内酯豆腐1块、高汤1勺、盐1.5茶匙、胡椒粉1克

做法

1. 芫荽洗净切碎，沥水备用。
2. 内酯豆腐切5毫米大小方块，备用。
3. 高汤烧热，倒入豆腐、胡椒粉、盐焖煮。
4. 开盖放入芫荽，翻拌均匀即可食用。

Tips

喜欢口感糯一些的可在放芫荽前加入勾芡。翻拌力度要轻柔，以免豆腐丁被搅得太碎影响观感及口感。

炝拌芫荽

材料 芫荽300克、食用油2勺、盐1茶匙、花椒2克、干红辣椒3个、白糖1茶匙2勺、圣女果5个、蒜3瓣

Tips

因芫荽香味独特，故本道菜品未放芝麻油，个人如果喜欢的可在最后加入，还可撒上熟白芝麻装饰。

做法

1. 芫荽洗净，切成15毫米小段，沥水后放入拌菜容器备用。
2. 蒜拍成末，圣女果对切，一并放入容器中备用。
3. 干红辣椒剪成小段备用。
4. 锅内倒入食用油，撒入花椒、干辣椒煸香关火。微晾30秒，淋至容器内，倒入醋、盐、白糖，翻拌均匀即可。

紫苏

别　　名　苏、白苏、桂荏、荏子、赤苏、红苏、香苏、黑苏、白紫苏、青苏、野苏、苏麻、苏草、唐紫苏、皱叶苏、大紫苏、假紫苏、水升麻、野藿麻等。

习　　性　是唇形科紫苏唯一种，一年生草本植物。

营 养 素　富含紫苏醛、紫苏醇、薄荷酮、薄荷醇、柠檬烯、石竹烯以及金合欢烯、丁香油酚、白苏烯酮等比较少见的微量元素。

作　　用　紫苏叶可制作菜肴，也可用来腌制泡菜，种子富含有益健康的紫苏油。医学方面，紫苏富含矿物质和维生素，具有很好的抗炎作用，能促进发汗、止咳祛痰、行气利胃，其所含挥发油有较强的防腐作用。

烹饪需知　紫苏以嫩叶和果实入菜，生食可腌渍，也可做汤。煮蟹时加用紫苏嫩叶或幼苗，可增加香气，紫苏煮鱼则鱼鲜菜美，但不可与鲤鱼同食，易生毒疮。因为色紫，紫苏的汁液又是天然的色素原料，可供糕点、梅酱等食品染色之用。另因紫苏能扩张皮肤血管、刺激分泌，故表虚自汗者忌用。

美食故事　传说三国时代的名医华佗曾有一次在河边采药，见到一只水獭逮住了一条大鱼，可是吃进肚子以后被撑得死去活来。后来，水獭爬到岸边的紫草地边，吃了些紫草叶，就渐渐舒坦了。自打华佗发现这种紫草也就是紫苏，解鱼蟹毒方面有奇效后，它从此就成为中药大军中的一员了。

美食菜谱

紫苏煎黄瓜

材料 紫苏100克、黄瓜1根、食用油1勺、盐1茶匙、姜1片、蒜2瓣、红干椒3鸡精1/2茶匙、生抽1勺

做法

1. 姜、蒜切片，红干椒剪丝，备用。
2. 黄瓜切片，稍厚一点，放入锅中煎熟，待两面略有焦黄时盛出备用。
3. 锅里放入底油，爆香姜片、蒜片和辣椒丝，将黄瓜片放入翻炒，加适量盐、鸡精、生抽和一把紫苏叶，用小半碗水一起焖煮入味即可。

凉拌紫苏叶

材料 鲜紫苏叶300克、3瓣、盐1茶匙、橄榄油1勺

做法

1. 将紫苏叶洗净，快速焯水后冷水冲洗，沥干。
2. 蒜切末倒入紫苏叶，入油、盐，翻拌均匀即可。

紫苏鲫鱼汤

材料 鲫鱼1条、鲜紫苏叶50克、蒜3瓣、食用油1勺、姜1片、朝天椒1个、盐1.5克、白萝卜100克、葱花3克

做法

1. 将鲫鱼清理干净，擦干鱼身上的水，鱼身两面斜拉刀口，均匀地抹上盐腌制几分钟。
2. 紫苏切片，随意即可。
3. 蒜切片，姜与白萝卜切丝，朝天椒切圈，留取2~3片备用。
4. 锅内倒入食用油，七分热时滑下鱼煎1分钟，翻煎另一面。两面煎至略焦时加清水没过鱼身，放姜丝、椒圈、萝卜丝煮10分钟。
5. 放入紫苏叶、盐，略煮，开锅时撒入葱花即可。

Tips

鲫鱼煮出白色浓汤的秘决是盐要后放。

紫苏炒肥牛

材料 牛里脊肉200克，香葱5克，紫苏10克，葱姜蒜粉、白胡椒粉、酱油、淀粉、盐、料酒各适量，花生油2勺

做法

1. 牛里脊肉洗干净后切成薄片，然后加入葱姜蒜粉、白胡椒粉、酱油、淀粉、盐、料酒，搅拌均匀后放置10分钟。
2. 香葱切段，干紫苏泡几分钟。
3. 锅内放花生油，烧热后倒入腌制好的牛肉片快速翻炒至变色，加入香葱、紫苏一起翻炒均匀后即可出锅。

Chapter 3

花朵与五味的调和

一千多年前，杜甫曾在诗里写过“夜雨剪春韭，新炊间黄粱”。春韭味美，韭花也毫不逊色。野韭菜一般在阴历七八月份开花，白色的花序呈伞状，选取开花后结籽的骨朵去梗，放鲜姜及适量的苹果和梨，上石碾轧细，发酵三两天后即可食用，这就是韭花酱。一望无际的内蒙古大草原，迎风摇曳的野韭花映衬着草原姐妹淳朴的笑靥，美味的韭花酱和鲜香的手把羊肉将会陪伴她们一起快乐成长。

台湾作家林清玄曾有一次到淡水去访友，听说了朋友推荐的桂花露而垂涎三尺，而后就在他的散文里说：“桂花露是秋天桂花开的时候，把园内的桂花全摘下来，放在瓶子里，当桂花装了半瓶之后，就用砂糖装满铺在上面。到春天的时候，瓶子里的桂花全溶化在糖水里，比蜂蜜还要清冽香甘，美其名曰‘桂花露’。”吴江人也用类似的手法保存桂花诱人的甜香，应时节采摘下来，加进切碎的柠檬，腌制而成桂花酱，就能把专属于夏末秋初的花香，延续到深秋和隆冬。

“乡愁是一湾浅浅的海峡，我在这头，大陆在那头。”七旬老人有一个未了的心愿，想要去一趟台湾，看望久别的亲人。那一天，他带着家乡特产淡菜干来到宝岛，终于跨越了海峡与姐夫的双手紧紧握在一起。为了这一次相聚，他们经历了半个世纪的漫长等待。家宴上一道金针炖猪蹄是已经故去的姐姐曾经的拿手菜，而金针花另有一个别名叫忘忧草。台东的山野间，在蓝天白云下怒放的金针花也在为两位历尽人间风雨沧桑的老人祈愿无忧、健康的余生罢。

咸鲜，甜咸，酸甜，酸辣，麻辣，香辣，苦香，鲜香……当花朵与丰美的五味调和，当你在餐桌的方寸之间，品味这些缠绕舌尖的花香，体察时节流转的四季轮回。你或许会惊奇地发现，其实花园不只是花草生长的天堂，它还有着你前所未见、更加立体丰富的另一面。

金银花

别　名　忍冬、鸳鸯藤、二宝花。

习　性　为忍冬科忍冬属多年生半常绿缠绕藤本植物，性喜温暖稍湿润、阳光充足的环境。它全株密被柔毛，雌雄花蕊成对腋生，夏季开花。初放时洁白如银数日后变为金黄，散发浓香。

营养素　金银花富含木犀草黄素，肌醇，皂甙等成分。

作　用　清雅芳香的金银花是我国古老的药物，享有“药铺小神仙”之美誉，其药用价值早在两千多年前便被古代先民探知。《神农本草经》中已把金银花列为上品中药，并告知后人“久服可轻身”。它味甘性寒，入肺、心、胃经，具有清热解毒、疏散风热的效果，主治痈肿疔疮，喉痹，丹毒，热毒血痢，风热感冒，温病发热等症。据现代药理分析，能够降低血脂、减少体内胆固醇吸收，改善冠状动脉血液循环。

烹饪需知　可生食，也可用于煮粥、煲汤、做凉拌菜等，但体质较差、胃寒、肠胃功能不好者最好不要食用或少食。

美食故事　金银花的神奇保健功效在古典诗词当中也同样有迹可循。“初夏园绿荫重重，金银开在碧玉中。虽少几分娇妍态，香透心脾情更浓。此花本是杯中物，甘冽淡雅有奇功。祛病除疾养颜色，人间才多不老松。”

金银花拌苦瓜

材料 苦瓜200克、干金银花15克、盐、味精、麻油、花椒各适量

做法 1. 将苦瓜切开去瓤和籽，切成片。

2. 苦瓜与金银花一起放入锅中。

3. 加水，大火煮开捞出，加入上述调味料拌匀即可。

功效 具有清心去火、利尿通淋、明目解毒的作用。

金银花蒸鱼

材料 草鱼750克、干金银花50克、糯米粉100克、香油1匙、料酒1匙、胡椒粉少许、盐适量、酱油1/2匙

做法 1. 将金银花洗干净，用清水泡一下，沥干水，然后冲泡3分钟，滤渣取汁。

2. 糯米粉加入金银花水发湿。

3. 将草鱼去内脏，洗净剔下鱼肉剁成泥，加入料酒、盐、酱油、胡椒粉、香油、糯米粉，拌匀备用。

4. 将鱼泥握成团，上笼蒸熟即可。

功效 此品具有补虚养身，健脾开胃的功效。

金银花花草减肥茶

材料 干金银花、干菊花、山楂各5克

做法 1. 将金银花、菊花、山楂洗净，放入烧开的开水中。

2. 以小火煎煮约30分钟，去渣、取汁即可。

功效 此品具有调理肠胃、消脂减肥的功效。

荷花

别　名　莲花、芙蓉、芙渠，是我国传统的十大名花之一。

习　性　为睡莲科莲属多年生水生植物，荷花喜光照，为强阳性植物，喜温暖湿润。对土壤要求不严格，以肥沃富含有机质的黏性土壤为佳。荷花地下茎节肥大，节上着生不定根及侧芽，并具有多条气腔。叶分为三种，种藕最初长出的为钱叶，最早从藕鞭节上长出的是几片浮叶，接着长出的是挺水的立叶，立叶为盾状圆形。花有粉、红、白、淡绿、间色及复色等，清香扑鼻。

营养素　莲花含有槲皮素、木犀草素、糖类等成分；莲叶含有莲子碱、荷叶碱、原荷叶碱、槲皮素等多种生物碱；莲子含有丰富的淀粉，蛋白质和多种维生素；莲藕含维生素C、维生素B_1、维生素B_2、蛋白质、胺基酸、醣类等，有着很高的营养价值。

作　用　莲花性温味苦，有去湿消暑、活血止血的功效。此外，有研究表明莲花中含有植物胎盘素，因此有抗老、美容的功效。

莲叶性味苦寒，归心、肾经，具有清心安神、交通心肾、涩精止血的作用。中医学认为：荷叶服之，令人瘦劣，单服可以消阳水浮肿之气。因此，市面上许多热销的减肥茶都以荷叶为主料，尤其夏季喝它，更是清凉解暑、止渴生津的佳品。

莲子，味甘涩性平和，有清新养神、补脾益肾和止血的作用，《本草纲目》称其可“交心肾、厚肠胃、固精气、强筋骨、补虚损、利耳目、除寒湿”，常用于治疗心悸失眠，脾胃虚弱，男子遗精，妇女白带过多、月经过多及泄泻症。

莲藕，性甘寒、凉血、散瘀、煮熟后甘温、益胃、补心。除了做蔬菜鲜食外，亦可调制加工成莲藕粉食用。

莲子心，性味苦、寒，归心、肾经。功效清心安神，交通心肾，涩精止血。用于热入心包、神昏谵语、心肾不交、失眠遗精、血热吐血。

莲蓬，性味苦、涩，温。归肝经。功效化瘀化血，用于崩漏、尿血、痔疮出血、产后瘀阻、恶露不尽。

莲须，许多人可能还很陌生，其实它是荷花的干燥雄蕊。性味甘、涩，平。归心、肾经。功效固肾涩精。用于遗精滑精、带下、尿频。

甚至连最后剩下的边角料荷梗、荷蒂也不要轻易抛弃，荷梗可顺气、宽胸、通乳，荷蒂可以安胎、止泻。

因为纤维过粗，荷叶并不适宜食用，但它却有着特殊的清香，因此大厨们常用它来包裹食材。经过加热后，让香气渗入食材中，使包裹物具有特殊的莲香，像荷叶排骨、荷叶饭、荷叶蒸虾，都是一等一的名菜。

莲藕在烹煮时容易变黑，可以在沸水中将莲藕汆烫一会儿，或者放在稀醋水或柠檬水中浸泡后捞起，都能使其保持洁白水嫩、不变色。爆炒莲藕时，减少在锅里的翻炒时间，并在起锅时加些醋在里面，能让莲藕吃起来口感脆爽。

翻沙莲子

材料 莲子100克、白砂糖100克

做法 1. 将莲子放入锅中，加入足量的水大火煮沸后转小火煮30分钟，至完全熟透，捞出充分沥干水分。

2. 将砂糖放入炒锅中，加入少许水使砂糖充分融化，再用小火慢慢将水分熬干。

3. 待砂糖呈半固体状态时，快速将熟莲子放入，翻炒均匀，使莲子上包裹上一层糖霜，随后将莲子盛出，静置放凉即可。

特色 在夏日胃口不开的时候，这样一份甜甜的小食总能勾起你的食欲来。裹着糖霜的莲子吃起来粉糯香甜，一颗接一颗，让你不知不觉间就能消灭一大盘。

银耳莲子红枣汤

材料 莲子30克、干红枣50克、干银耳30克、冰糖100克、水1000毫升

做法 1. 将银耳用温水浸泡20分钟，待变软时切去根部，手撕成小朵。

2. 把红枣和莲子洗净，放入炖锅中，加水和小朵银耳。

3. 先用大火煮沸，然后转为小火慢炖25分钟，最后放入冰糖调味，完全融化即可。

特色 此甜汤具有滋阴、润肺、养胃、生津、益气、补脑、强心之功效。不但适宜于一切妇孺、病后体虚者，且对女性具有很好的嫩肤美容功效。

姜拌藕

材料 藕100克，生姜、香醋、盐和香油各适量

做法 1. 将藕去节、削皮洗净，顶刀切成圆片，放在清水中浸泡待用。

2. 取一容器，放入姜末、香醋、盐和香油，勾成调味汁待用。

3. 锅中放清水烧开，投入藕片，烫透后捞出，沥干水分，趁热放入盛有调味汁的容器中，加味精，给容器盖上盖子，把藕片焖上，等藕片晾凉了以后拌匀，装盘即可。

特色 味道鲜美口感润滑。

香菇荷叶饭

材料 香菇50克、大米80克、鸡肉50克、栗子仁5粒、干荷叶1张、生抽10毫升、老抽3毫升、芝麻香油5毫升、盐2克、胡椒粉1克

做法 1. 大米淘洗干净，放入适量清水浸泡30分钟；干荷叶放入温水中浸泡至开，备用。

2. 鲜香菇洗净去蒂，对开切成块；鸡肉切成0.5厘米厚片，待用。

3. 将泡好的大米沥干水分，盛入一个大碗中，加入香菇块、鸡肉和栗子仁，再调入生抽、老抽、芝麻香油、盐和胡椒粉，搅拌均匀。

4. 打开泡好的干荷叶，将拌好的原料倒在荷叶上，再将荷叶包紧，放入烧开的蒸锅中大火蒸约30分钟至熟，取出后打开荷叶即可食用。

菊花

别　　名　鞠、金英、黄华，为我国传统十大名花之一。

习　　性　为菊科菊属多年生宿根草本植物，喜阳光充足，不耐阴，对土壤要求不严，富含腐殖质的沙质壤土为佳。花期多为秋季，头状花序顶生或腋生，花分为舌状花及筒状花，花色有白、绿、黄、紫、红、粉红、双色和间色八大色系。

营养素　食用菊花富含人体所需的各种营养成分，如蛋白质、脂肪、糖、纤维素、钙、磷、维生素等。此外，还含有菊苷、氨基酸等多种对人体有益的成分。

作　　用　菊花性微寒，味甘苦，有散风清热、清肝明目、平肝阳、解毒的作用，可治疗头痛、眩晕、目赤、心胸烦热、疔疮、肿毒等症。

烹饪需知　食用菊主产于广东，为粤菜中制作美味佳肴的上好材料。食用菊花花朵大、花色品种多、颜色亮丽、口感好、而且吃法多，可以做馅、做汤、涮锅、凉拌、软炸、熬粥等。茶用菊里最有名的是杭州的杭白菊、安徽的亳菊和滁菊、河南的怀菊。

美食故事　菊花自古以来就有“延寿客”的美誉，在中国民间，也一直都流传有“菊花两朵一撮茶，清心明目有寿加”的谚语。药王李时珍对菊花更是推崇备至，《本草纲目》中有这样一段经典论述：“菊春生夏茂，秋花冬实，饱经霜露，备受四时之气，叶枯不落，花槁不谢。其苗可蔬，叶可嚼，花可饵，根实可药，囊之可枕，酿之可饮，自本至末，罔不有功。”

美食菜谱

菊花鱼片汤

材料 鲤鱼300克，干菊花30克，大葱、姜、香菜各少许、五香粉少许、盐适量、鸡汤2碗

做法
1. 将菊花洗净，用温水泡15分钟，把洗好的鲤鱼切成片。
2. 把鱼片放入鸡汤内，加入姜片和葱段，把盐、五香粉一起放入鸡汤里搅匀，用文火和鱼一起煮5分钟左右。
3. 放入泡好的干菊花，文火煮2分钟。
4. 将姜片、葱段、菊花拣出，撒上香菜末即可。

功效 此品具有健脾开胃、清热去火的功效。

菊花猪肝汤

材料 猪肝100克、干菊花15克、盐适量、酒1匙

做法
1. 猪肝洗净，切薄片，用油、酒腌10分钟。
2. 干菊花洗净，用热水泡开，留花汤备用。
3. 先将菊花和花汤加入锅内煮片刻，再放猪肝。
4. 煮20分钟加盐调味即可。

功效 此品具有滋养肝血、养颜明目的功效。

菊花鸡丝

材料 鸡胸肉200克、鲜菊花少许、鲜香菇50克、鸡蛋清1枚、淀粉10克、白糖少许、盐适量、香油2滴、鸡汤1/2碗

做法 1. 鸡胸肉剔去筋膜，洗净挤干水分，切成细丝；鸡蛋清搅开，加淀粉拌匀；鸡丝放入蛋清碗内上浆，加香油抓匀；菊花撕下花瓣，水中泡1小时；香菇去蒂，洗净，切成细丝。

2. 锅内油烧至三成熟，将鸡丝下锅滑油，用筷子拨散，待鸡丝挺身后倒入漏勺沥油。

3. 锅留底油，放入香菇稍煸，加入菊花瓣、精盐、鸡汤、白糖，用湿淀粉调稀勾芡，倒入鸡丝翻炒即可。

功效 此品具有补血、调理月经的功效。

菊花糕

材料 杭白菊5朵，鱼胶粉30克，新鲜菊花1朵，蜂蜜、果脯适量

做法

1. 取杭白菊用沸水冲泡。
2. 鱼胶粉30克用沸水调匀，然后倒入做法1中搅拌均匀，喜欢甜味的可以加入蜂蜜。
3. 在模具里涂上一层薄薄的橄榄油，把做法2中搅拌好的鱼胶粉倒入模具中，撒上新鲜菊花花瓣和果脯碎粒。
4. 放入冰箱2个小时，菊花冻成型后倒出即可。

功效 此糕酸甜可口，齿颊生香，功用清凉去火。

桂花

别　名　木樨。

习　性　为木犀科木犀属常绿小乔木或从生灌木。是珍贵的观赏芳香植物，为我国传统十大名花之一。秋季开花，花淡黄色，花冠四裂，芳香四溢，沁人心脾。在我国栽培历史悠久，是园林绿化的重要树种。

营养素　桂花总氨基酸含量较高，达到13.78%，其中人体必需的氨基酸为6.26%，占氨基酸总量的45.55%，而且桂花含有丰富的矿物质，尤其是钾、锌，明显高于一般植物。

作　用　中医学认为，桂花性温、味辛，煎汤、泡茶或浸酒内服，可以化痰散瘀，对食欲不振、痰饮咳喘、肠风血痢、经闭腹痛有一定疗效。桂枝、桂根、桂花均可入药。

烹饪需知　桂花可用于酿酒，桂花酒酸甜适口，醇厚柔和，余香长久，常饮可健脾胃、助消化、活血益气。另外，桂花茶也是常见的花草茶品种。“汤色金黄明亮，滋味甘和醇爽，茶香花香并茂，冷香清雅持久”的桂花茶，长期饮用，对口腔炎、牙周炎、皮肤干裂、声音沙哑都有一定疗效。

美食故事　在古代中国的许多地方，每当科考之年，应试者及其家属亲友都用桂花、米粉蒸成糕，称为广寒糕，相互赠送，取广寒高中、蟾宫折桂之意。传说杨升庵梦见魁星使西海龙王驾他来到月宫，他努力爬到桂树顶上摘下了桂枝，回到了家中。梦醒后，他真的高中状元。明朝末年，一个聪明的小贩从这个传说里得到了灵感，于是收集鲜桂花并加工制成了甜美的桂花糕。吉祥的寓意、可口的味道，引得人们争相购买。

美食菜谱

桂花牛奶冻

材料 牛奶500克，玉米淀粉30克，炼乳、桂花少许，蜂蜜适量

做法
1. 把牛奶倒入奶锅，加入玉米淀粉，再加入适量炼乳后充分搅拌均匀，放灶上煮至牛奶凝成稠糊状。
2. 关火，倒入碗中或任何模具中，晾凉后放入冰箱冷藏1小时以上。
3. 从冰箱里取出，脱模后淋上蜂蜜、桂花就可开吃了。

桂花鸡头米糖水

材料 芡实100克、干桂花15克、冰糖30克

做法
1. 鲜芡实用清水冲洗掉表面杂质，不需要反复浸泡冲洗，以免使清香的味道减弱。
2. 在煮锅中注入2碗水，大火加热至沸腾，放入冰糖搅拌至融化，放入洗净的鲜芡实，调成中火煮5分钟。

功效 能益肾健脾，收敛固涩，经常用于遗精滑精、妇女带多腰酸、体弱的小孩或者老人慢性泄泻和小便频数之症。

薄荷桂花糕

原料 糯米500克、绿豆500克、薄荷叶15克、白糖25克、桂花少许。

做法 1. 先将绿豆煮至烂熟，再加入白糖、桂花和切碎的薄荷叶，做成馅儿备用。

2. 把糯米焖熟，放入盒内晾凉。

3. 把糯米饭填入蛋糕模，中间放入豆沙馅即成。

特色 不仅口感香甜，还有清凉、疏风散热、清咽利喉的功效。

瓜仁桂花茶

材料 冬瓜子仁250克、干桂花200克、米汤适量

做法 1. 将瓜子仁、桂花都研成粉末。

2. 把研好的粉末用米汤调匀饮用。

3. 每日3次，每次10克，连饮1个月。

功效 此品具有祛斑增白的功效，对于面部色斑也有很好的淡化效果。

山茶花

别　名　玉茗花、耐冬、曼陀罗树，是中国传统十大名花之一。

习　性　山茶科常绿灌木或小乔木，高可达3~4米。叶片卵形边缘有小锯齿，亮绿色。花瓣近于圆形，变种重瓣花瓣可达50~60片，花的颜色，红、白、黄、紫、墨色均有，十分鲜艳。性喜冷湿气候，花期因品种不同而不同，从10月至翌年4月间都有花开放。

作　用　山茶花药用部位主要是花，在春分至谷雨季节含苞待放时采摘，晒干或烘干。具有收敛凉血、止血功效，可治吐血、便血、血崩，外用可治烧烫伤、创伤出血等症。

美食菜谱

山茶冰糖饮

材料 鲜山茶花3克、冰糖5克

做法 1. 先将未开的山茶花花蕾去萼分瓣，放入杯中。

2. 用沸水冲泡10分钟。

3. 去渣留汁，加入冰糖即可。

功效 此品具有保健滋阴、生津润肺的功效。适用于肺阴虚、干咳少痰者。

山茶鲢鱼排骨汤

材料 鲢鱼300克，鲜山茶花30克，排骨100克，香菜30克，葱白、生姜、盐、胡椒粉各适量，黄酒1杯，鸡汤1碗

做法 1. 鲢鱼收拾干净，洗净，切块，入油炸至五成熟，色泽金黄时捞出。

2. 排骨洗净，开水炖熟。

3. 山茶花瓣洗净、焯水、挤干。

5. 用葱白、生姜在油锅里煸出香味，加鸡汤、胡椒粉、盐调味。放入鲢鱼、排骨煨至鱼熟，撒入香菜起锅即可。

功效 此品具有防衰老、健康长寿的功效。

山茶面疙瘩

材料 鲜山茶花100克，鸡蛋3枚，甘草30克，面粉500克，茼蒿菜200克，盐、陈醋、胡椒粉适量

做法
1. 将山茶花洗净，用水煮熟，去渣留汁。
2. 甘草煎汁。
3. 甘草汁、山茶汁与面粉调成糊。
4. 准备一锅水，煮沸后加入适量的盐，用汤匙舀面糊入锅成面疙瘩。
5. 待面疙瘩浮出水面后，加入茼蒿菜和调味料，再续煮5分钟即可。

功效 此品具有保湿、美白、抵抗皱纹的功效。

山茶花红枣粥

材料 大米100克、山茶花5克、红枣10个、白糖适量

做法
1. 把大米淘洗干净、山茶花洗净去蒂备用。
2. 把大米、红枣放入锅中，加清水适量，烧开后改成小火煮成粥，加入山茶花、白糖稍煮即可。

玫瑰花

别　名　徘徊花。

习　性　为蔷薇科蔷薇属落叶灌木，原产我国，在我国栽培历史悠久，是重要的香料植物。茎干多刺，羽状复叶，叶面皱。花单生或数朵聚生，花紫红色，有芳香。花期5～6月，品种较多。玫瑰喜光照，光照不足生长不良。耐寒，不耐积水。对土壤要求不严，只要排水良好即能生长较好。

营养素　玫瑰花中含有几十种对人体有益的成分，如丰富的维生素A、维生素C、维生素B、维生素E、维生素K以及单宁酸、蛋白质、氨基酸、胡萝卜素等。

作　用　玫瑰花的花瓣和根均可作药用，入药多用紫玫瑰，它味甘、微苦，气香性温。具有理气和血、调中解郁等功效，能改善内分泌失调、调理女性生理问题，促进血液循环，美容养颜。

烹饪需知　由于玫瑰花活血散瘀的作用比较强，月经量过多的人在经期最好不要食用。泡玫瑰花的时候，可以根据个人口味，调入冰糖或蜂蜜，以减少玫瑰花的涩味，加强功效。另外需要提醒的是，玫瑰花最好不要与茶叶泡在一起喝，因为茶叶中有大量鞣酸，会影响玫瑰花疏肝解郁的功效。

美食故事　一代女皇武则天非常钟情于用玫瑰花养颜，每天早晨必饮玫瑰花露，睡觉前将脸及全身敷上玫瑰花瓣。所以在她年过60的时候，看上去仍旧面若桃花，粉红细嫩，而且全身散发阵阵的香气。

美食菜谱

当归红糖玫瑰鸡蛋

材料 干玫瑰花5克、当归3克、鸡蛋1枚、红糖5克

做法
1. 将鸡蛋、当归、玫瑰花洗净，和红糖一起放入凉水中。
2. 用中火将鸡蛋煮熟。
3. 喝汤吃鸡蛋。

功效 此品具有活血调经、止痛的功效。

香醇玫瑰奶茶

材料 药用玫瑰花5朵、立顿红茶1包、牛奶500毫升、蜂蜜少许

做法
1. 小锅中加半杯水，烧开后加玫瑰花，用最小火煮3分钟。花变软有香味时放入红茶包泡2分钟。
2. 加牛奶，用小火煮沸关火。
3. 喝时过滤，并加少许蜂蜜搅匀即可。

功效 祛痘除斑，美容养颜。

踏雪寻玫——牛奶玫瑰茶冻

这是具有美容养颜功效的一款冰品茶点，因为成品红白相间，所以得了个好听的名字叫“踏雪寻玫”。

材料 牛奶200毫升，玫瑰花、玫瑰茄（洛神花）各10克，鱼胶粉30克

做法

1. 先将牛奶倒入小碗中，放入冰箱冷冻。
2. 将玫瑰花、玫瑰茄和鱼胶粉一起放入500毫升水中煮，不断搅拌，使鱼胶粉溶解均匀，盛入容器中。
3. 将玫瑰花茶放入冰箱冷藏。
4. 将凝结后的花茶冻放入冰好的牛奶中即可。

功效 具有清热、解毒、美白、养颜、消斑等功效。

Tips

玫瑰茄口味偏酸，可以在煮花茶的过程中加入一些冰糖，使花茶更酸甜可口。

玫瑰鸡蛋

材料 鸡蛋2枚、玫瑰花15克、葱花少许、盐适量

做法

1. 玫瑰花分开，撕成瓣状，洗净切丝。
2. 鸡蛋打破搅匀，与玫瑰花丝、葱花、盐搅拌均匀。
3. 锅内油热后倒入鸡蛋液，翻炒至蛋熟即可。

功效 此品具有理气活血、疏肝解郁、美容润肤的功效。

茉莉花

别　名　抹历，三白山榴花，岩花，玉麝。

习　性　为木犀科素馨属常绿灌木或藤本，喜温暖湿润和阳光充足环境，其叶色翠绿，花朵颜色洁白，香气浓郁，是最常见的芳香性盆栽花木。大多数品种的花期6～10月，由初夏至晚秋开花不绝，深为大众所喜爱，常盆栽用于窗台、阳台、天台或客厅等处装饰观赏。

营养素　茉莉花含有苯甲醇、芳樟醇酯、茉莉花素等有机物。

作　用　茉莉的花、叶、根均可入药。花性温、甘，叶性凉、苦，根苦、温、有毒。花能理气、安神，也能清热解毒、消肿止痛，根能麻醉、止痛。

美食故事　传说在很早以前，北京茶商陈古秋创制了茉莉花茶。有一年冬天，陈古秋邀来一位品茶大师，研究北方人喜欢喝什么茶。正在品茶评论之时，陈古秋忽然想起有位南方姑娘为报答恩情曾送给他一包茶叶未曾品尝过，便寻出那包茶请大师品尝。冲泡时，碗盖一打开，先是异香扑鼻，接着在冉冉升起的热气中，看见有一位美貌姑娘，两手捧着一束茉莉花。陈古秋与大师悟出这是茶仙提示他们茉莉花可以入茶，次年便将茉莉花加到茶中，果然制出了芬芳诱人的茉莉花茶，深受北方人喜爱。

心境平和茶

材料 薄荷5克、玫瑰5克、茉莉花5克

做法 将材料一起用滚水浸泡5分钟即可。

功效 茉莉与玫瑰香气馥郁，加上薄荷的冰凉透爽，特别有助于舒缓和消解压力，保持心境平和。

茉莉花豆腐

材料 鲜茉莉花30克、豆腐100克

做法 1. 锅中水开后，下入切好的豆腐块。

2. 水再开后下茉莉花。

3. 最后再次煮沸，闻之有茉莉的自然清香即可。

功效 此品幽香满颊、芳香化湿，还可以解除油腻，利于减肥。

茉莉花牛肉粒

材料 牛肉150克，平菇150克，红豆、青豆、玉米、黄瓜各15克，茉莉花50克，红尖椒适量，姜少许，盐、淀粉各适量，香油2滴，白糖少许

做法 1. 平菇、红尖椒、黄瓜洗净切丁。

2. 红豆、青豆、玉米、茉莉花用水煮熟捞出，拣去茉莉花，滤掉汤。

3. 牛肉洗净，切小粒，加盐、淀粉、香油、姜末腌10分钟左右，放入沸水锅中煮开，捞起沥干水分。

4. 锅内油烧热，下入牛肉翻炒，倒入开水，加入糖煮至肉熟烂。

5. 最后加入平菇粒、红豆、青豆、玉米、红尖椒翻炒即可。

功效 此品对月经不调、贫血、虚弱等症有很好的食疗作用。

茉莉竹荪

材料 竹荪15克、干茉莉花50克、鸡胸脯肉150克、姜汁少许、盐适量、高汤1碗

做法 1. 将竹荪用淘米水泡透，清水洗净。

2. 鸡胸肉去膜洗净，剁成泥。

3. 一部分茉莉花用热水泡开，捞出，花汤留下备用。

4. 将高汤烧开，把鸡泥团成丸子下入。

5. 待鸡泥浮起汤面，放入花汤、竹荪、盐、姜汁烧开，加入茉莉花即可。

功效 此品对营养不良、畏寒怕冷、乏力疲劳等症状有很好的食疗作用。

梅花

别　名　干枝梅、春梅，是我国传统十大名花之一。

习　性　为蔷薇科李属落叶乔木。梅花喜阳光充足，喜温暖及湿润的气候，也非常耐寒，耐贫瘠土壤。梅花树高可达10米，卵形叶互生，先花后叶，花有白、红、粉红等色，气味芳香。我国梅花共有300多个品种。

营养素　梅花主含挥发油，另外还含有桉叶素、龙脑、腊梅苷、胡萝卜素等成分。

作　用　具有疏肝解郁、开胃生津的功能。主治肝郁气滞、胸胁胀满、腹脘腹痛、神经衰弱等病症。对肝胃气痛、郁闷不舒、饮食减少等有比较明显的治疗效果。

踏雪访梅

原料 干梅花10克，嫩豆腐200克，鸡汤、盐各适量

做法 1. 梅花洗净，用热开水烫开，备用。

2. 将豆腐用鸡汤炖熟。

3. 加入少许盐调味，盛盘，再把烫开的梅花撒于豆腐上即可。

功效 此品具有解郁除烦、和胃理气的功效。

暗香汤

材料 干梅花15克，火腿、竹笋、香菇各30克，鸡汤1碗，盐适量

做法 1. 梅花拍碎、洗净。

2. 火腿、竹笋、香菇切片，与梅花、鸡汤共煮。

3. 香菇煮熟之后，加入味精、盐调味即可。

功效 此品具有清肺和胃、理气生津的功效。

洛神花

别　名 玫瑰茄、洛神葵、山茄、洛神果、洛济葵。

习　性 洛神花是锦葵科木槿属的一年生草本植物，植株高1.5~2米，茎淡紫色，直立，主干多分枝。叶互生。花在夏秋间开放，花期长，花萼杯状，紫红色，花冠黄色。每当开花季节，红、绿、黄相间，十分美丽，有“植物红宝石”的美誉。

营养素 洛神花气微香、味酸，含有丰富的维生素C，另外还含有接骨木三糖苷、柠檬酸等营养成分。

作　用 有养颜、消斑、美白、解酒保肝、清凉降火、生津止渴的功效；能增进钙质吸收，促进儿童发育，促进消化等；经常饮用洛神花茶有助于降低人体血液中的总胆固醇值和甘油三脂值，达到防治心血管疾病的功效；在夏季饮用些洛神花还有清热解暑的功能。

烹饪需知 嫩叶、幼果腌渍后可食。花萼可提炼含有红色素的果胶、是理想的果汁、果酱等食品的天然植物染色剂。

美食菜谱

台湾家常洛神酸梅汤

材料 玫瑰茄10克、乌梅10颗、山楂干30克、甘草5克、水1500毫升、冰糖150克

做法

1. 将乌梅、山楂干、甘草冲洗干净，备用。
2. 锅中放水，放入冲洗干净的乌梅、山楂干和甘草，大火烧开，转小火，继续炖煮30分钟。
3. 将冰糖放入锅中，不断搅拌，直到融化。关火，放入洛神花，待冲泡开后滗去渣滓和原料，室温放凉即可。

相对于熬制洛神酸梅汤，冰糖的量要大一些，因为乌梅、山楂干、洛神花都带有酸味，糖加入得不够，酸甜滋味就会不足。如果能够晾凉后放入冰箱，口感会更好。

玫瑰茄炖银耳

材料 银耳20克、玫瑰茄5枚、冰糖少许

做法

1. 银耳用水泡发，用刀切碎，这样比较省火。
2. 将银耳煮至八成熟，放入玫瑰茄。
3. 待玫瑰茄从深红色变成粉色后，放入冰糖，再小火煮10分钟。
4. 10分钟后关火，将已经煮过的玫瑰茄挑出，然后放凉后食用。

玫瑰茄养颜茶

材料 干玫瑰茄5克、干菊花瓣5克、干柠檬片2片、蜂蜜或冰糖适量、矿泉水250毫升

做法 1. 将以上材料放入杯中。

2. 矿泉水烧开后冲泡而成。

功效 有排毒养颜、消斑、美白的功效。

洛神花水果茶

材料 干洛神花8朵，干菊花5朵，梨1个，冰糖、蜂蜜各适量

做法 1. 把梨切成小丁。

2. 把洛神花、菊花、冰糖、梨丁放入壶中。

3. 加入开水，盖上盖子焖5分钟，稍凉后加入蜂蜜即可。

黄花菜

别　名　萱草、忘忧草、金针菜、谖草。

习　性　为百合科萱草属多年生宿根草本。原产我国南部，欧洲南部及日本。品种较多，我国栽培历史悠久。根状茎粗壮，根近肉质，纺锤状。叶基生，线形。花冠漏斗状，花葶高约60～100厘米，着花十余朵，花期夏季，园艺品种繁多，已有万余种。

营养素　黄花菜中含有多种维生素、蛋白质、脂肪、天冬硷。

作　用　黄花菜性味甘凉无毒，功能清热利尿，消炎解毒，止痛。主治腮腺炎、乳腺炎、中耳炎、黄疸性肝炎、痢疾、牙痛、衄血、小便不利、关节炎等。

烹饪需知　黄花菜的花蕾浸泡氽水后可作菜或汤，吃法简单而方便。但值得注意的是鲜黄花菜虽然新鲜，但因含有水仙硷，进入人体后，经氧化作用会使人出现腹痛、腹泻、呕吐等中毒症状。若将新鲜黄花菜在水中充分浸泡，使水仙硷最大限度地溶于水，便不会产生上述症状。最多的做法是蒸了晾干，贮藏到冬天；可在吃火锅、蒸肉、炖鸡时使用，是一种上乘的素味干货。

美食故事　药食俱佳的金针菜，它的来历传说与神医华佗有关。华佗生在社会混乱、瘟疫流行的东汉末年。有一夜里，他梦见仙人赐他一把金针，可为百姓们解救病痛灾难。第二天，华佗把得到的金针扬撒向四面八方，只见漫山遍野长满了叶青青、花黄黄的植物。人们采其花蕾，煮水喝下去，慢慢地止住了瘟疫。金针菜从此传遍各地，经过人们的尝试，它不仅能治病，而且还成为了一道可口的菜肴。

美食菜谱

三丝黄花菜

原料 黄花菜50克，香菇丝、熟嫩竹笋丝、胡萝卜丝各35克，料酒、鲜汤、盐、麻油各适量

做法 上述原料入油锅翻炒，加料酒少许，煸得嗅见了香味，再放鲜汤、精盐等，淋上麻油即成。

特色 口感清香舒爽，还有润肺益脾、补血养颜的功效。

豆腐黄花汤

原料 黄花菜50克，豆腐250克，猪瘦肉片50克，生姜、葱、盐、味精各适量

做法
1. 将黄花菜和豆腐放入锅内，加适量水煮20分钟。
2. 放入猪肉片稍煮片刻，用生姜、盐、味精、葱花调味即成。

特色 具有补肾、养血、通乳的功效，适用于肾虚腰痛、耳鸣耳聋、记忆力低下、产妇缺乳等症。

桃花

习　性　桃为蔷薇科李属灌叶乔木，我国约有1 000多种。桃树高可达10米，叶片披针形，花瓣粉红、白色及红白混色等，花期在3～6月，7～9月果熟。桃性喜阳光，喜肥沃、排水良好的轻壤土。桃花在园林中应用较多，宜与柳树配植，开花时芳菲满目，桃红柳绿，春光满园。多植于湖畔、路边、专题园及庭院，也可盆栽欣赏。

营养素　含有山奈酚、香豆精、三叶豆甙和维生素A、维生素B、维生素C等。

作　用　桃花中所含有效成分能扩张血管、疏通脉络、润泽肌肤，使促进人体衰老的脂褐质素加快排泄，可预防和消除雀斑、黄褐斑及老年斑。另外，中医认为，桃花性味甘、平、无毒，可用于消食顺气、痰饮、积滞、小便不利、经闭。

桃花粥

材料 干桃花2克、粳米100克、红糖30克

做法

1. 将干桃花置于砂锅中，用水浸泡30分钟。
2. 加入粳米，文火煨粥，粥成时加入红糖，拌匀。
3. 每日1剂，早餐1次趁温热食用，每5剂为一疗程，间隔5日后可服用下一疗程。

功效 适用于血瘀表现，如脸色暗黑、月经中有血块、舌有紫斑、大便长期干结者。此粥既有美容作用，又可以活血化瘀。如果用新鲜桃花瓣效果更好。鲜品每日可用4克。

桃花猪蹄美颜粥

材料 干桃花1克，猪蹄200克，粳米100克，葱花、生姜末、盐、香油各适量

做法

1. 把猪蹄洗净，皮肉与骨头分开，置铁锅中加水，旺火煮沸；撇去浮沫，改文火炖至猪蹄烂熟时将骨头取出。
2. 加入粳米及洗净的桃花，继续用文火煨粥。
3. 粥成时加入盐、香油、葱花、生姜末，拌匀。
4. 隔日1剂，分数次温服。

功效 有活血润肤、益气通乳、丰肌美容、化瘀生新之功效，适用于面部有色斑的哺乳女性。

芙蓉花

别　名　木芙蓉、拒霜花。

习　性　为锦葵科木槿属落叶灌木，原产于我国。木芙蓉性喜阳光，较耐阴。喜温暖湿润的气候，忌干旱。对土质要求不严，但在近水的肥沃土地生长旺盛。木芙蓉长势强健，管理粗放。它的叶片硕大，单朵花花径可达10厘米以上，花色一天多变，清晨白色或粉红色，黄昏则变为深红色，花有单瓣及重瓣之分，花期在10～11月，果期在12月。

营养素　含有丰富的维生素C。

作　用　木芙蓉性平，味微辛；有清热解毒、凉血止血、消肿排脓的功效，又能改善体质、滋润养颜、护肤美容。花内服清肺，能治疗咳血。

烹饪需知　体质虚寒者勿服。

美食菜谱

芙蓉三文鱼

原料 去皮、去骨三文鱼200克，鲜芙蓉10克，柠檬50克

做法

1. 将鲜芙蓉洗净，用柠檬挤汁浸泡半个小时。
2. 三文鱼切片，淋上柠檬汁即可。

功效 此品具有降血脂、凉血排毒的功效。

芙蓉蟹黄豆腐

原料 嫩豆腐200克、咸蛋黄1枚、鲜芙蓉10克、瘦火腿10克、小葱末少许、盐适量

做法

1. 鲜芙蓉煎汁，留汁备用。
2. 咸蛋黄碾成泥；瘦火腿切成丁；豆腐切成块。
3. 锅内倒少许油，加入咸蛋黄小火翻炒。
4. 倒入芙蓉汁，加入瘦火腿，待汤汁滚开，下入豆腐，加入盐调味。
5. 大火收汁，撒上小葱末即可。

功效 此品具有清热凉血、清洁肠胃的功效。

杜鹃花

别　名　山踯躅、映山红、山石榴，是中国十大传统名花之一。

习　性　为杜鹃花科杜鹃花属植物，杜鹃花种类繁多，花色绚丽，花、叶兼美，即可盆栽和制作盆景观赏，也可植于庭院装饰。小至天井、墙角，大至林缘山坡、溪边、池畔，均可用杜鹃花点缀，可丛植，可片植。是园林中不可或缺的重要材料。

作　用　明代的《本草纲目》即已正式收载，杜鹃花和杜鹃叶均可以入药。杜鹃花性味酸甘、温，有祛痰，止咳，平喘、和血、调经、祛风湿的功用。可治月经不调、闭经、崩漏、风湿痛、吐血、跌打损伤等。

烹饪需知　食用多用白杜鹃花。

美食故事　在南中国的许多地方，生长着大片杜鹃花林。这些品种的杜鹃极富花蜜，山风吹来，蕊间花蜜纷纷滴落，宛若下起一阵蜜雨，徜徉其间别有一番韵味。如此丰盛的花蜜不仅招蜂引蝶，连人也趋之若鹜，花开之时，当地人吸食花蜜成风。杜鹃花本身也是一种美味的食材，花瓣可以煮汤，或晒干盐渍入菜。在云南民间，以杜鹃花制作的美食有十多种。

杜鹃花龙骨汤

材料 猪龙骨500克、白杜鹃花50克、红枣15个、盐适量

做法

1. 将龙骨洗净，用热水稍烫去除血水捞起备用。
2. 将龙骨和红枣放入煲中，加水烧开，用文火煮1个小时。
3. 加入盐及白杜鹃花稍煮即可，也可适当加入其他调味料。

杜鹃花清蒸排骨

材料 排骨1000克，白杜鹃花50克，葱、姜、盐、味精、生抽各适量

做法

1. 将排骨剁成段，用开水稍烫，去除血水，杜鹃花切丝备用。
2. 将排骨放入盘中，加入调料及杜鹃花丝及高汤，上笼蒸30分钟即可。

Chapter 4

我们的田野，美味的田野

《舌尖上的中国》叫我们认识了一个身心自在的都市农夫，他就是住在北京城胡同里的张贵春，希望拥有一片自己的菜园的贵春把他的理想搬上了屋顶。他的屋顶菜园不足100平方米，却锦鲤悠游、鹦鹉欢鸣。他种出的西红柿酸甜清新，正是令人怀念的几十年前的老味道。他用中药调配农家肥，种出的西瓜、倭瓜、角瓜都成了重量级的瓜王。他的瓜馅水饺和椒盐倭瓜花是被邻居们交口称赞的自然美食。盛夏时节，他的绿色屋顶是京城热岛中的一片清凉世界，用它的每一个叶片净化着都市的空气，它们是贵春送给这个城市的礼物。

拥有一处正式的私家庭院或者花园，于当今中国大多数城市居民来说，仍然是一个相当奢侈和遥远的梦想。因此，像贵春这样选择在高楼公寓屋顶上开辟菜园的园艺爱好者实际不在少数，这是都市里饶有趣味的农家乐，也是流行的休闲生活时尚。在健康饮食和绿色低碳生活倍受推崇的今天，越来越多的人在家里开辟果蔬园，卷起袖子自己来种菜，一方面让自己吃得健康吃得安心，另一方面更为了享受自己亲手栽种的乐趣。

自己种菜好处多多，不但可以亲近大自然，接受阳光的洗礼，在鸟语花香中呼吸新鲜空气，舒缓繁忙工作之后疲惫的心灵，还可以在挥动锄头、浇水与弯腰采收之间，让现代人愈来愈缺少活动的身体得到运动的机会。此外，还能在休闲之外，将农家乐的收获搬上餐桌，与家人一起分享自己种出来的有机蔬果。

Tips

家庭常吃蔬菜巧贮藏

巧贮大白菜

将大白菜晾晒4～5天，使外帮蔫萎，然后贮存。除烂帮外，不吃时不要掰掉帮子。贮存温度应控制在2℃左右。也可用铁丝做成“S”形的钩子，一头扎进菜根，一头挂在竹竿上，效果比较理想。

巧贮青菜

当天吃不完的青菜，可把其根部放进水里，留到第二天食用。

巧贮香菜

将棵大的香菜，捆成500克的小捆，外用纸包好装入塑料袋里，放在通风处，可保鲜10～15天。

巧贮韭菜

用鲜大白菜叶将韭菜包住、捆好，置于阴凉处，可保鲜3～5天。

巧贮萝卜

室内水缸装满水，把萝卜放在缸的周围，上面培15厘米厚的泥土。也可将萝卜削去顶，放在黄泥浆中滚一下，使萝卜结一层泥壳，堆放在阴凉处，如在萝卜堆外再培一层湿土，效果更好。

巧贮红薯

将鲜红薯放在太阳下晒几个小时，然后装进放有谷糠或草木灰的透气的木箱中，周围用废旧的棉絮围好，可使红薯防冻。

巧贮土豆

将土豆放在旧纸箱中，同时放入几个未成熟的苹果。苹果会散发出乙烯气体，乙烯气体可使土豆长期保鲜、不生芽。

巧贮莲藕

把藕上的泥洗净，桶内加满清水，把藕浸没在水中，隔1～2天换凉水一次。冬季保持水不结冰。此法可以保鲜1～2个月不变质。

巧贮冬笋

将冬笋放入不透气的塑料袋中（不要放满），将袋口扎紧可保存30天，也可将冬笋放入小口的坛子中密封。还可用旧箱子，底部铺7厘米厚的湿黄沙，将冬笋尖头朝上摆好，再用湿沙将笋深埋7厘米，将沙拍实，盖好盖子，置于阴凉通风处，可存放2个月。

巧贮生姜

将姜埋入潮而不湿的细沙土中，冬季放在较暖和、干燥避风处保存。如生姜较少，将姜洗净，放入盐钵中能保鲜较长时间。如生姜较多，可将其放在有细沙的缸中保存，一层隔一层地放好并封好口。

巧贮大葱

将大葱头散放在背阴处，让其自然蒸发水分(但要保持一定的水分)，上冻后再收到一起，仍然放在背阴处，但要防雪。食用前取放在室内即可。如果吃不完，开春后扒去干皮，栽在土里，可继续食用。

巧贮洋葱

收获的洋葱晾晒后，剪去叶子，装入筐中，放在干燥处，天寒地冻时移入室内。

巧贮茭白

将带有两三张壳的茭白，去梢放入水缸中，放满清水后压上石块，使茭白浸入水中。以后经常换水，保持缸水清洁。

巧贮冬瓜

冬瓜放在干燥处，下面铺草帘或稻草或纸板箱，避免日光照射。在搬动时，注意不要碰掉“白霜”，可保鲜4个月。吃剩的半边冬瓜，割面上出现星星点点的黏液后，将无毒塑料薄膜贴在上面，可存放数日。

巧贮毛豆

将毛豆装入塑料袋中，埋入深土，可保存到春节前后。

巧贮豆角

新鲜的豆角洗净去筋，放入6%的小苏打沸水溶液中，烫煮4～5分钟，捞出来马上放在3％的小苏打水中漂洗一次，然后摊在席子上或用线串起来，放在阴凉通风外阴干，可以保持鲜绿颜色。

巧贮辣椒

鲜辣椒均匀埋在草木灰里，可长久不坏，严冬也能吃上鲜辣椒。

巧贮大蒜

用网袋将大蒜装好吊在通风处，或将蒜皮剥去，放入广口瓶内用食油浸泡。也可在加少许白酒的酱油腌泡。

虎皮尖椒

材料 尖椒200克，色拉油适量，食盐半匙，酱油、醋、生抽、蚝油、白糖各1匙

做法
1. 将尖椒去蒂去籽，洗净切断后再横着劈开。
2. 将生抽、酱油、白糖、耗油、醋各一茶匙、盐半茶匙调和到一个容器中，搅拌均匀备用。
3. 锅内烧热后，放入处理好的尖椒干锅翻炒，也可以用菜铲按压尖椒。
4. 翻炒至尖椒表皮有了焦点并且尖椒本身有些塌了时，放入适量食用油继续翻炒。
5. 将尖椒炒香后，把事先调配好的酱料倒入锅中继续翻炒。
6. 炒至锅内汤汁黏稠即可出锅。

双菇炖羊肉

材料 羊肉（肥瘦）500克，香菇（干）100克，猴头菇150克，黄芪20克，盐、味精、料酒各适量

做法
1. 将羊肉剁成小方块，放入冷水盆中浸泡12小时，再放入沸水锅内焯透捞出。
2. 香菇用水泡发，猴头菇、黄芪洗净备用。
3. 以上材料放入砂锅内，加水适量，放入调料，文火慢炖2小时即成。

功效 冬季养生补阳菜式，适用于肢寒畏冷，并有健脾开胃的功效。

芥菜粥

材料 猪筒骨100克，大米150克，芥菜150克，黑木耳50克，虾米10克，姜片、盐、胡椒粉、味精各适量

做法
1. 把已经砍好的猪筒骨洗净，放入高压锅内，加水、姜片，大火煮喷气后，小火压10分钟左右熬成高汤备用。
2. 另取一干净煮锅，将淘洗干净的大米放入锅内，加入猪骨汤，小火慢熬至米粒糯软开花。
3. 把切碎的芥菜放入，加入黑木耳、虾米拌匀，让其煮上5分钟左右，待粥煮出香味后，调入适量的盐、胡椒粉即可。

功效 芥菜有去火功效，还含有粗纤维和丰富的叶酸，促进肠胃蠕动。

丝瓜百合鲜菇

原料 百合一个，丝瓜一条，蘑菇2～3粒，盐、糖、油、生粉各少许

做法
1. 先去除百合的头、尾及芯部，再以清水浸泡1～2分钟。
2. 丝瓜去皮斜切成小段，蘑菇切片，备用。
3. 将所有材料出一出水，捞起沥干。
4. 将锅烧热，放入油等调味料和已出水的材料炒匀，即可上碟。

芹菜拌核桃

原料 芹菜250克，核桃仁50克，精盐、香油少许

做法 将芹菜切成细丝，放入开水锅内氽烫后捞出放入盘中，放上洗净的核桃仁及少许精盐、香油，拌匀即成。

特色 具有润肺、清热、定喘的作用。

猪蹄炖苦瓜

原料 猪蹄2只，苦瓜300克，姜、葱各20克，盐、味精各适量

做法

1. 猪蹄焯烫后切块，苦瓜洗净、去籽，切成长条，姜、葱拍破。
2. 锅中油烧热后，放入姜、葱煸炒出香味，放猪蹄和盐同煮。
3. 猪蹄熟时，放入苦瓜稍煮，加味精调味出锅。

特色 猪蹄含有丰富的胶原蛋白，极易消化又滋阴补体。苦瓜清热凉血，有明显的降血糖之功效。此道菜补而不腻，咸香爽口，适于经常食用。

果蔬沙拉美丽秀

色拉本是充满西洋气质的料理，如今也愈来愈为国人所接纳。因为它的做法简便易学，而且还清新开胃，可谓别有风味。酸酸甜甜的色拉酱汁，在田园蔬果的新鲜美味中恣意徜徉，融合出自然清爽的健康料理。让你在属于自己的时间里，享受一番美味，还有说不尽的闲情逸致。

三彩色拉

原料 西红柿、甜豌豆、甜玉米各适量，沙拉酱或千岛酱

做法 1. 西红柿去皮（拿刀背用力刮一刮，就可以用手把皮撕去；或将其放在盘中用热水浇一下，外皮裂开后就可以撕去了），切成小丁。

2. 三种原料依次均匀盛入盘中，上面挤上沙拉酱或千岛酱，吃时搅匀即可。

特色 红黄绿三色，美味养眼；制作简便，也便于外出携带。

薄荷蔬果沙拉

原料 生菜1棵、皇冠梨1个(也可以用各自喜欢的其他水果)、樱桃小番茄10个、新鲜薄荷叶20克、原味低脂酸奶100克、盐和胡椒碎少许

做法 1. 先把薄荷叶切碎，与酸奶、盐、胡椒一同拌匀，做成薄荷酸奶酱汁。

2. 把生菜切丝，皇冠梨去皮切丝，樱桃小番茄对半切开后一起放入盆内。

3. 淋上做法1的薄荷酸奶酱汁即可。

玉米蔬菜沙拉

原料 玉米粒、紫色甘蓝、葡萄干、橙子肉，盐、糖、醋、胡椒、橄榄油各适量

做法 1. 紫色甘蓝洗净切丝，备用。

2. 将其他主料与切好的甘蓝丝混合，然后加入调味料拌匀即可。

特色 口感清爽，适合作为餐前开胃菜。有黄金食品之称的玉米和美艳的紫甘蓝相互搭配，好吃、好看又营养。

花瓣三明治

原料 软奶酪300克，万寿菊叶片2汤匙，万寿菊花瓣1汤匙，香葱末2汤匙，全麦面包片2片，黄瓜、萝卜片或其他蔬菜各几片

做法
1. 奶酪混合碎花瓣与叶片，再加入香葱末，搅拌均匀。
2. 将面包片切成5厘米厚的片，两片之间抹上薄薄一层花瓣奶酪。
3. 最后加上黄瓜片、萝卜片、万寿菊叶片或者其他蔬菜，顶层装饰整朵的万寿菊即可。

特色 采摘和折取花瓣时，万寿菊都带着一股很浓郁的菊花药香。它的金黄色泽也给三明治增添了悦目的色彩。

水果玉米沙拉

原料 玉米粒（新鲜的玉米棒取粒或玉米罐头均可）、生菜、樱桃西红柿、奶酪、橄榄油、黑胡椒各适量

做法
1. 将玉米粒放入锅内，加少量盐大火煮开。
2. 生菜清洗干净，撕成小片。
3. 把樱桃西红柿从中间分开，奶酪切丝。
4. 将玉米粒、樱桃西红柿、生菜叶和奶酪加橄榄油、黑胡椒拌匀即可。

田园沙拉

原料 西兰花1/3朵，鸡蛋1枚，生菜1/2棵，黄瓜1根，草菇罐头1/2罐，樱桃西红柿100克，橄榄油、香醋各15毫升，黑胡椒碎、盐各5克

做法 1. 西兰花分成适口小块，在沸水中煮3分钟至熟。

2. 鸡蛋煮熟，放凉切成圆片。草菇在沸水中汆烫2分钟后过冷水，一分为二。

3. 樱桃西红柿对半切开，生菜手撕成小块，黄瓜洗净削皮，切成圆形薄片。

4. 取容器把所有原料放入，依次淋入香醋和橄榄油，调入盐和黑胡椒碎，拌匀即可食用。

火龙果龟苓沙拉

材料 火龙果、圣女果、水蜜桃各20克，龟苓膏50克，糖桂花1匙

做法 1. 将龟苓膏取出，切成小块。

2. 把火龙果肉挖出，和水蜜桃、圣女果一起切成小块。

3. 将龟苓膏、火龙果、水蜜桃、圣女果一起放入容器中。

4. 淋上糖桂花即可。

功效 此品具有促进肠胃消化动力、美白排毒的功效。

田园的果缤纷物语

炎炎夏日，吃这个没胃口，吃那个也没胃口，明明是享受灿烂阳光的日子，却弄得气色晦暗，怎么办？水分充盈、滋味酸甜的水果会成为你的大救星，好吃开胃，有益健康，还能养颜美容。水果捞、果蔬汁、花果茶，层出不穷的花样，让你在酷暑天气也能大快朵颐，尽情享受夏日阳光的洗礼！

草莓雪人儿

材料 草莓10粒，淡奶油20克，黑巧克力、糖粉各10克

做法
1. 草莓洗净沥水，切开，尖头部分为帽子，下部为身子。
2. 巧克力入锅隔水融化，做眼睛纽扣。
3. 打发淡奶油，把奶油灌到保鲜袋里，其中一个角用剪刀剪个小口子，做裱花嘴用。
4. 在草莓身子部分挤上奶油，然后放上帽子，用筷子沾点巧克力做眼睛和纽扣。
5. 排排坐摆放好，撒上糖粉做装饰，草莓雪人就做成了。

特色 超萌超可爱，是圣诞大餐上非常应景的甜品，简直让人不忍下箸。

杨枝甘露

原料 芒果500克、西柚200克、椰子浆400毫升、淡奶50克、小西米50克、白砂糖20克

做法
1. 芒果去皮、去核、切小丁，西柚剥皮、取肉、拨散呈丝状。
2. 将绵白糖和约2/3芒果丁放入搅拌机，打成芒果浆。
3. 锅中放入清水煮开，放入西米煮15分钟，关火后加盖再焖15分钟。捞出小西米，放在流动水下冲洗，洗去表面黏液，使之呈透明状。
4. 杯子里放入小西米、芒果丁和椰浆、淡奶、芒果浆混合，放入冰箱冷藏30分钟，食用时表面加西柚丝装饰即可。

特色 芒果、西柚、西米、椰浆、淡奶相互融合、芒果若隐若现，香甜浓郁，西柚细如水滴，丝丝清香，加上西米的Q爽、椰浆的幼滑，港式甜品的小资情调，在这款甜品上得到完美的体现。

桂圆红枣枸杞茶

材料 红枣25个、枸杞20克、桂圆肉15个、红糖适量

做法 1. 红枣、桂圆肉、枸杞洗净，备用。

2. 锅中放入清水，把红枣、桂圆肉与枸杞放入煎煮。

3. 煮软后，可按个人口味放入红糖调匀。

功效 补血补气，养颜美白。

香蕉班戟

原料 香蕉1根、绵白糖35克、鸡蛋2枚、黄油20克、普通面粉75克、牛奶250毫升、鲜奶油20克、油5毫升

做法 1. 鸡蛋在碗中打散；香蕉去掉果皮，切成4厘米长的条；黄油在室温下溶化；鲜奶油打发。

2. 普通面粉用细筛网过筛后，与绵白糖、打好的蛋液、溶化的黄油和牛奶混合，搅拌成没有颗粒的面糊。

3. 平底锅刷上一层油，中火烧至六成热，舀入一勺面糊，转动平底锅，使面糊均匀地摊在锅底，摊成圆形薄饼。之后，依次将面糊全部摊成薄饼。

4. 将摊好的薄饼每张分成均匀的扇形4等份。

5. 取一张分好的扇形小饼，在中央涂抹上打发的鲜奶油，放上切好的香蕉条，然后卷起即可。

复合果蔬汁

材料　苹果、胡萝卜、番茄各1个

做法　将苹果去皮，胡萝卜和番茄洗干净，榨汁后立即饮用。

功效　富含β-胡萝卜素、多种维生素及多种人体必需矿物质，对改善视力、提高肝脏解毒功能、补钙并促进钙吸收等有显著作用。

鲜百合木瓜糖水

原料　鲜百合75克、木瓜1个、冰糖200克

做法

1. 鲜百合浸泡后洗去泥土，去硬头，成片剥开。木瓜去皮切开，去籽后切成小块备用。
2. 锅中加水煮开，放入百合煮开，转中小火煮40分钟。
3. 加入木瓜和冰糖，大火煮至水开，待冰糖融化即可。

特色　百合中有一种含蓄的甘甜，也许会被木瓜和冰糖的甜美所掩盖，但是细细品味，又觉得它才是其中的主角。木瓜美容润肤，百合益气温肺，二者结合是绝佳的保健糖水。

奇异果西米露

原料 黄金奇异果、绿奇异果各1只，西米露1杯，枸杞6粒，蜂蜜5毫升

做法 1. 将黄金、绿色奇异果去皮、切丁。

2. 将西米露装入鸡尾酒杯中，放入蜂蜜搅拌均匀后放入黄金、绿色奇异果丁，撒上枸杞。

特色 黄金奇异果富含维生素E，具备超级抗氧化功能，能够清除游离态氧和自由基，减少光敏氧化作用，减少人体受辐射和超剂量紫外线的伤害，帮助维持肌肤健康和预防皮肤老化。

蔓越莓水果茶

原料 美国蔓越莓50克，苹果、青橘各1个，红茶2小包，水650毫升，蜂蜜适量

做法 1. 准备好所有材料，苹果洗净去皮，青橘用盐去除表皮的蜡，备用。

2. 苹果切成1厘米见方的丁，放在淡盐水中浸泡，以免表面氧化。

3. 锅内倒入清水，水开后放入红茶包。

4. 将蔓越莓干和切好的苹果丁加入锅中一同煮，煮开后转小火再煮5分钟左右，关火，盖上盖子焖5分钟即可。

5. 青橘切片放入杯中，将煮好的水果茶倒入杯中，根据个人口味加适量蜂蜜调味。

特色 美国蔓越莓具有独特的酸味和浓郁的口感，苹果有生津止渴、健胃消食的作用。

草莓优酪

原料 草莓2颗，优酪一盒（酸奶也可），燕麦片、蔓越莓干各10克

做法 1. 将燕麦片加水煮开，水沸后等燕麦片熟透、汤汁呈浓稠状即可，晾凉后放入冰箱备用。

2. 草莓洗净，去蒂、切半。

3. 在优酪中撒入燕麦片、蔓越莓干，拌匀，面上加入草莓，即可食用。

提子蛋糕卷

材料 鸡蛋3个，低筋面粉60克，牛奶45毫升，白糖50克，油30毫升，盐、柠檬汁、提子干、鲜奶油各适量

做法 1. 将蛋清与蛋黄分离后分别盛于干净的容器中，先将10克白糖与少许盐加入蛋黄中，充分搅拌至白糖溶解，再依次加入油、牛奶、过筛后的低筋面粉、提子干，拌匀待用。

2. 蛋清中滴入几滴柠檬汁，用打蛋器打至呈比较大的气泡状时加入适量白糖，继续搅打至蛋清呈较为浓稠的粗泡状再加入白糖；继续搅打至蛋清较为细腻时，加入剩下的白糖；最后搅打至将打蛋盆倒过来蛋白霜不会流出即可。

3. 烤箱预热至180℃，然后将蛋白霜分3次加入蛋黄糊中，上下翻拌均匀成蛋糕糊。

4. 将蛋糕糊倒入垫有油纸或高温布的烤盘中，180℃上下火中层烤，约20分钟后出炉。

5. 将出炉后的蛋糕倒扣在烤网上，撕去底部的油纸，晾凉。

6. 将放凉后的蛋糕放在油纸上（颜色深的一面朝上），在其表面涂上少许鲜奶油；卷起静置约30分钟让其定型，成型后取走油纸切件即可。

图书在版编目（CIP）数据

最值得品尝的舌尖上的花园 / 陈菲编著. -- 北京：中国农业出版社, 2015.11
（园艺·家）
ISBN 978-7-109-20546-8

Ⅰ. ①最… Ⅱ. ①陈… Ⅲ. ①花卉－食品加工 Ⅳ. ① TS255.36

中国版本图书馆CIP数据核字(2015)第127229号

中国农业出版社出版
（北京市朝阳区麦子店街18号楼）
（邮政编码100125）
责任编辑 张丽四

北京中科印刷有限公司印刷 新华书店北京发行所发行
2016年5月第1版 2016年5月北京第1次印刷

开本：710mm × 1000mm 1/16 印张：6.5
字数：150千字
定价：26.00元